风筝制作与室内花样盘飞

吕留萍　张华君　主编

安徽师范大学出版社

·芜湖·

图书在版编目(CIP)数据

风筝制作与室内花样盘飞 / 吕留萍,张华君主编.
—— 芜湖 : 安徽师范大学出版社,2019.9
ISBN 978-7-5676-4345-1

Ⅰ. ①风… Ⅱ. ①吕… ②张… Ⅲ. ①风筝—制作
②室内—放风筝—竞赛规则 Ⅳ. ①TS938.91②G898.1

中国版本图书馆 CIP 数据核字(2019)第 205934 号

FENGZHENG ZHIZUO YU SHINEI HUAYANG PANFEI

风筝制作与室内花样盘飞　　　吕留萍　张华君　主编

责任编辑:盛　夏
装帧设计:大春传媒
出版发行:安徽师范大学出版社
　　　　　芜湖市九华南路 189 号安徽师范大学花津校区　邮政编码:241002
网　　　址:http://www.ahnupress.com/
发 行 部:0553-3883578　5910327　5910310(传真)　E-mail:asdcbsfxb@126.com
印　　　刷:北京虎彩文化传播有限公司
版　　　次:2019 年 9 月第 1 版
印　　　次:2019 年 9 月第 1 次印刷
规　　　格:700 mm×1000 mm　1/16
印　　　张:5
字　　　数:72 千字
书　　　号:ISBN 978-7-5676-4345-1
定　　　价:40.00 元

如发现印装质量问题,影响阅读,请与发行部联系调换。

本书编委

（按姓氏音序排列）

段震利　江秀娟　蒋国炎　荆秀元
李金泉　林　宣　潘平盛　宋永利
王正山　俞七二　赵　俊　赵世明
赵友国

前　言

为什么要开设风筝课程？

（1）实践出真知。风筝制作是一个欣赏美、鉴别美、创造美的过程，有利于知识的内化、认知结构的形成和学习技能的提高，实现智慧的生长和创造力的凸显。风筝室内花样盘飞既锻炼身体又激发创新思维。

（2）滋养心灵，锻炼意志。做风筝、放风筝需要美好的心灵和环境，放风筝还可以治病，近年来，国内外有些医院和疗养院采用"风筝疗法"治疗一些精神疾病，收到了不错的疗效。从抡风筝、玩风筝到舞风筝，没有毅力是不可能学好的。室内盘飞风筝不受天气影响，在课程正常进行的同时，潜移默化地陶冶学生情操。

（3）可持续发展。教育不仅仅是应试，每年有许多国家请我国风筝大师前去授课，"风筝会"早已国际化。风筝飞行原理与飞机类似，而风筝器材成本却远远低于电子航模成本，可以很好地进行普及教育和试错教育。幼儿园、小学、中学、大学都可以开设风筝课程，风筝的多样性可以满足不同学生的需求。适度参加风筝表演和比赛可以锻炼学生的能力，促进学生互相合作学习，共同提高。

风筝由我国劳动人民发明，有着两千多年的历史和灿烂的文化，但做风筝、放风筝不是教育的最终目的，绝大多数学生将来也不可能以风筝为业，真正的目的是让学生通过风筝懂得优秀的传统文化和其中蕴含的大智慧，希望学生能够积极创新，制造出更先进的飞行器，那才是人类科学的进步和发展！

温岭市第三中学的学子受益于风筝课程主要归功于各级领导推行的课程改革，以及全国各地风筝大师和朋友们的帮助，在此深表感谢！

目 录

第一章　风筝科学

风筝是一种文化,风筝是一种艺术,风筝是一种运动,风筝更是一门科学。世界上最早的飞行器就是风筝,科学家从风筝中得到灵感,发明了现代飞机,是风筝让人类走向太空!

风筝是否就是竹条糊上纸、系个线?风筝的飞行原理是什么?风筝引发了哪些发明创造?

第一节　风筝的构造与分类

大家参加过国际风筝会吗?那是一个感受文化魅力、传唱和平友谊的盛会,多姿多彩的风筝在空中飞舞,让人心旷神怡。那如何对风筝做科学定义?风筝都有哪些共同的结构特征?应如何对风筝进行科学分类?

一、风筝的定义

风筝是人们将重于空气(密度比空气大)的材料,经工艺加工制成各种形状,以自然气流或人为相对气流为动力,通过牵引线的操控升空,并能完成留空放飞的飞行器。

二、风筝的结构

风筝是由蒙面、提线、骨架(有的无骨架)组成的各种形状的物体(如图 1-1)。蒙面是风筝承受风力的部分,其材料可以是纸、布、薄膜等轻薄材料;提线是连接风筝的线,风筝大小不同,其线粗细和强度也不同;骨架是支撑整个风筝的结构,可用竹条、碳杆、玻璃杆等扎制而成,无骨架风筝由风吹入支撑形状。

图 1-1　风筝结构图

三、风筝的多样性及分类、分型标准

风筝的多样性表现在各个方面。

就大小而言,有巨型风筝和微型风筝,大到数十或上百米,小到仅有几厘米。如串类风筝可长达千余米,充气风筝的体积大的可达几十立方米,小的犹如巴掌大小,尤其表现在花、鸟、鱼、虫风筝上,栩栩如生惹人喜爱。

就种类而言,有直线风筝和复线风筝,传统风筝大都是直线的,国外风筝大都是复线的,如双线和四线特技风筝等。

就流派而言,有哈氏、马氏、曹氏、金氏、魏氏风筝等。

就地域而言,有京派、津派、潍坊、南通、阳江、西安、滇式等。

就绘画风格而言,有写意、工笔、油画、色块等。

就题材而言,其多样性更加广泛,所有社会客观存在的事物都能进入风筝取材的范围,如植物果实、飞禽走兽、牛头马面、神话人物、古代仕女等均可入列,就连火车、帆船、滑翔机、战斗机、自行车、足球等均可制成风筝飞上蓝天。因此,现在风筝比赛增加了创新赛。

为了增加同类型风筝的可比性,比赛时按风筝的形状、结构和功能分为:龙串类(含蜈蚣)、软板类(骨架呈开放式)、硬板类(骨架呈封闭式)、软翅类(骨架呈开放式)、硬翅类(骨架呈封闭式)、立体类、动态类、软体类、软体造型类、滚地龙类、软板串类、硬板串类、软翅串类、硬翅串类、其他串类、盘鹰类、夜光风筝、打斗风筝、运动风筝、冲浪风筝、雪地风筝、最大风筝、串类最长风筝和串类最多风筝等 24 类。

除动态类、软体类、软体造型风筝、其他串类、夜光风筝、打斗风筝、滚地龙类、运动风筝、冲浪风筝、雪地风筝、最大风筝、串类最长风筝和串类最多风筝外，其他各类可分为小型、中型、大型和超大型。

1.龙串类

按风筝腰节直径和节数分型，节数不包括龙头。

（1）小型：直径在 15 厘米（±1厘米），不少于 60 节。

（2）中型：直径在 25 厘米（±1厘米），不少于 80 节。

（3）大型：直径在 35 厘米（±1厘米），不少于 100 节（如图 1-2）。

图 1-2　大型龙串类风筝（108 节）

（4）超大型：直径在 45 厘米以上，不少于 120 节。

2.软、硬板类，软、硬翅类，软、硬板串类，软、硬翅串类和其他串类

图 1-3　板鹞风筝

按风筝的平面面积分型（串类以单节风筝面积为准，每串风筝均须 5 节以上），计算方法为风筝主体骨架的最长乘最宽，其积即为该风筝的面积（如图 1-3）。

（1）小型：面积在 0.4 平方米（±0.1 平方米）。

（2）中型：面积在 0.7 平方米（±0.1 平方米）。

（3）大型：面积在 1.0 平方米（±0.1 平方米）。

（4）超大型：面积在 1.5 平方米以上。

3.立体类

按风筝受风面的面积分型,计算方法为风筝主体骨架的最长乘最宽

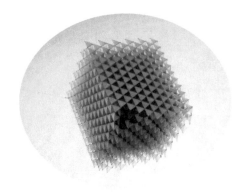

（或弦长）,其积即为该风筝的面积（如图 1-4）。

（1）小型:面积在 0.4 平方米（±0.1平方米）。

（2）中型:面积在 0.7 平方米（±0.1平方米）。

（3）大型:面积在 1.0 平方米（±0.1平方米）。

图 1-4　立体类风筝

（4）超大型:面积在 1.5 平方米以上。

4.串类最长风筝

串类最长风筝对其节片间距离、顺序和长度有如下要求。

（1）其相邻节片之间的距离不得大于单只节片宽度或直径的 6 倍。

（2）每只节片均应有顺序编号,不得有序号跳跃等现象。

（3）测量时取节片之间的平均长度,乘以已放飞节片的只数。

图 1-5　串类最长风筝

（4）"串类最长风筝"最短不得少于 100 米（如图 1-5）。

5.串类最多风筝

串类最多风筝对连接方式、个数和放飞距离有如下要求。

（1）每只风筝均应采取从主引线到分叉引线的连接方式（俗称树枝串）,以一根引线连接的风筝不允许参加此项比赛。

（2）风筝只数的计算是在规定的放飞时间内,放飞线定长 30 米以外的风

筝只数。

（3）"串类最多风筝"不得少于15只。

6.最大风筝

最大风筝分有骨架和无骨架两种，单一主体的风筝以其主体骨架最长乘最宽为该风筝的面积（如图1-6）；软体类风筝以其充气部分最长乘最宽为该风筝的面积。

图 1-6 滚地龙风筝

第二节 风筝飞行原理

风筝为什么能在空中不落下来？风筝飞行的动力来自哪里？为什么它是斜仰着身子飞行？

风筝在空中不会落下来，是因为气流对它的升力作用，这个力属于空气动力。风是空气的水平流动，风筝平面与风向形成的夹角被称为迎角，其大小等于图1-7中的仰角。

当迎角为0°时，也就是风向与风筝平面平行，风从风筝上下两面吹过，空气流速相同，上下表面气压相同，风筝上表面受到的压力等于风筝下表面受到的升力，风筝会在自身的重力作用下逐渐飘落，断线风筝就属于这种情况。当迎角为90°时，也就是风向与风筝平面垂直，此时风筝受到的空气作用力只会是水平向后的阻力也就是风力，没有向上的升力，风筝就飞不起来，只能用手拉紧风筝线，风筝才不至于被刮跑。只有当风筝的迎角处于一定的锐角范围即前倾身子时，风筝下层的空气受到风筝面对它斜向下的压力作用，由于力的作用是相互的，空气对风筝面产生了垂直于风筝面的斜向上的动力作用，此时空气动力可以被分解为水平方向的阻力和垂直方向的升力。利用这一特性，给一个平面风筝拴上线拉紧，使它不顺阻力的方向后退，而沿空气动力与牵引力的合力方向升空就可以实现风筝升空飞行。这就是密度大于空气的风筝可以在空中飞翔的原理。飞机在升空时受到的升力是空气动力和牵引力向上的分力的合力(如图 1-8),飞机升空的原理与风筝一脉相承。

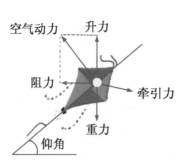

图 1-7 风筝升空受力示意图

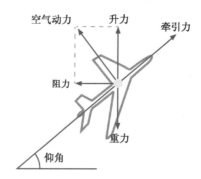

图 1-8 飞机升空受力示意图

升空时,如果速度非匀速,力、力矩都是不平衡的,由于风筝受力在变化,人们通过一抽一放来控制风筝。风筝刚放飞时,近地面风速往往较小,需要人为助跑来加大空气动力,这里应用了相对运动产生风的原理。

根据人们多次实验与观察,迎角在 20°以下放飞时极易前倾,俗称"倾头",而迎角在 80°以上时,风筝飞远不飞高,最佳迎角为 40°～60°。这仅是统计数据,具体应在试飞中进一步调整。升力除了受迎角大小影响以外,还有其他原因,如硬翅沙燕(如图 1-9),它的翅膀背面凸,腹面凹,剖面呈弧形,可以增加升力,从而提高风筝的稳定性与拔高能力(如图 1-10)。

图 1-9 硬翅沙燕

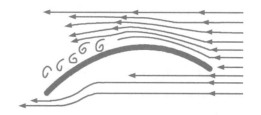

图 1-10 弧形结构增加升力示意图

值得注意的是风筝飞行与风力有很大关系,风力不适合会造成风筝放飞不成功或毁坏,大风易出现安全问题,要确保安全。一般情况下,不同风力适合放飞的风筝见表 1-1,风级的判断见表 1-2。

表 1-1 风力与放飞的风筝

风力	放飞的风筝
0～1级	轻型小风筝、盘鹰、盘飞机等盘旋风筝
2～3级	盘旋风筝,小、中、大型翅类风筝,板子类风筝,板子和翅类串类风筝,小型、中型龙串类风筝
3～4级	各种类别、各种型号的板子类、翅类、板子和翅类串类风筝,超大型龙串类风筝,中、大型软线、复线风筝
5～6级	身体好的成年人放飞复线风筝,合作放飞大型软体风筝、超大型加长尾巴的板子类风筝

表 1-2 各风级的名称、风速和风效

风级	风的名称	风速/(米/秒)	陆地上的风效	
0	无风	0～0.2	船静,烟囱排出的烟直上	
1	软风	0.3～1.5	烟能偏向一侧显示风向,但风向标不转动	
2	轻风	1.6～3.3	脸部感觉有风,树叶有微响	
3	微风	3.4～5.4	树叶和小树枝摇动不息,旗帜展开	
4	和风	5.5～7.9	地面纸片和灰尘被吹起,小树枝摇动	
5	清风	8.0～10.7	有叶的小树摇动,湖面有小波	
6	强风	10.8～13.8	大树枝摇动,电线鸣响,举伞困难	

注:以上是陆地上形成的风级,强风以上风级不要放风筝。

第三节 风筝与发明创造

"纸花如雪满天飞,娇女秋千打四围。五色罗裙风摆动,好将蝴蝶斗春归。"放风筝是一项古老而有意义的娱乐活动,风筝一开始就是玩具吗?

风筝又称风琴、纸鹞、鹞子、纸鸢,它起源于中国,已有两千多年的历史,是中国古代科学家墨翟发明制造的。

图 1-11 木鹞

据《韩非子·外储说》记载,墨翟居鲁山(今山东青州一带)"斫木为鹞,三年而成,飞一日而败。"墨子研究了三年,终于用木头制成了一只木鸟,但只飞了一天就坏了。墨子制造的这只"木鹞"(如图 1-11)就是中国最早的风筝,后来鲁班改进了墨翟的风筝材质,用竹子代替木头,进而演进成为今日多种风筝。《墨子·鲁问》记载:"公输子削竹木以为鹊,成而飞之,三日不下,公输子自以为至巧。"

风筝最初被用于军事,起到通信、侦查、测距等作用,甚至附带火药用作战争的武器,如《渚宫旧事》记载:"尝为木鸢,乘之以窥宋城",汉高祖时韩信做纸鸢以测量未央宫的远近,梁武帝被叛军围困,其子放纸鸢求援,等等。

飞机的发明起源于风筝,正因为看到风筝的升空,才纠正了人们早期模仿鸟类扑翼飞行的错误幻想,人们开始研制像风筝那样的固定翼飞行器,并通过风筝的放飞实验,最终才发明了飞机。英国著名学者李约瑟著的《中国科学技术史》中把风筝列为中华民族向欧洲传播的重大科学发明之一。在美国华盛顿国家航空航天博物馆的飞行器馆里竖有这样一块牌子:"最早的飞行器是中国的风筝和火箭。"我国的风筝飞向国外,与科技结下了不解之缘,它如同火药和指南针一样有力地推动了科学技术的进步。

1749 年,美国一位名叫威尔逊的天文学家研制了世界上第一台空中试验仪器。他用 6 只风筝将仪器吊到 700 多米的空中进行试验,第一次测试到了空中大气的温度,并取得了一些重要的数据。

1752 年,美国物理学家富兰克林利用金属制造风筝吸引雷电(如图 1-12),第一次为人类揭开雷电的奥秘,并于 1753 年发明了避雷针。

图 1-12 富兰克林雷电试验

1804 年,英国乔治格雷爵士用两只风筝作机翼,研制出一架 5 米的滑翔机。

1893 年,英国人劳伦斯为美国气象局设计的一种可以拆卸的风筝,能将仪器带到高空测风速、温度和高度，推动了气象事业的发展。

1894 年，英国科学家设计了一只供战场观察用的军用风筝，其作用犹如当今的侦察卫星。

1899 年，美国莱特兄弟做了一个双身的风筝，观察它在空气中的翻滚动作以及如何借助空气的浮力上升，从而发明了机翼，并在此基础上于 1903 年发明创造了世界上第一架真正的用内燃机作动力的飞机。

1901 年，意大利无线电发明家马可尼在试验英格兰和纽芬兰之间无线电通信时，不巧遇到暴风把天线刮断了，马可尼将天线拴在风筝上升空，使首次横跨大西洋的无线电试验获得成功。

1984 年，美国的罗克洛制成了由风筝、降落伞和机翼组成的翼状降落伞，人称"活动风筝"。

现代流行的滑翔飞鹞是一位名叫罗嘉露的美国女士和她的家人共同设计的，罗嘉露首先制成了一个近似三角形的滑翔器。运动员伏在滑翔器的支架上，在空中滑翔。她经过多次试验，于 1984 年完成改良工作，制成了滑翔飞鹞。现在，滑翔飞鹞已经成为最受人们欢迎的户外运动之一。

英国的桥梁建筑师在建造著名的克利夫顿悬索桥时，利用巨型风筝把钢缆拉到对岸，成功地架起了悬桥，被人们传为佳话。

每当放飞飞机风筝（如图 1-13）的时候，就有老师和同学问是不是在搞航模活动。我们都是飞行大家庭里的一员，风筝是一切飞行器的母亲，它的飞行给人们带来不少遐想，激发我们去探索、发明和创造。相信风筝以后会给人们更多的启发和应用。

图 1-13　飞机风筝

第二章　风筝的制作

　　风筝是世界上最早的飞行器,虽然它密度大于空气,但利用空气动力学的原理能翱翔天空。英国博物馆曾把中国的风筝称为"中国的第五大发明"。风筝制作是否成功,关键要看它在合适的风力下能否正常飞起来。那么如何利用数学、材料学、空气动力学、美术等知识和原理制作出能飞的风筝呢?

第一节　设计图纸

　　从第一章我们知道风筝的种类很多,不管是直线(单线)风筝,还是双线和四线特技风筝以及其他飞行器,其飞行原理都是类似的,它们的制作都涉及众多器材和工具,所以,合理的、科学的构思和设计是非常必要的!

一、选择形状及面积

　　最早的风筝大多是三角形的,或是头重尾轻的其他形状,这都符合流线体的要求。随着科学的发展,设计风筝不再局限于此,任何一件物体,比如一片树叶(如图 2-1)、几片羽毛(如图 2-2)等都可以成为一只

图 2-1　树叶风筝

漂亮的风筝! 在制作风筝前要在头脑中构思出完整图像。

设计风筝时,我们完全可以把它当作一件艺术品来构思。同时,一件好的作品是离不开平时用心观察和收集资料的,比如发现一棵形状特殊的树木、一只色彩艳丽的小鸟等,我们可以拍下照片,也可以在网络上下载收集一些图片作为设计题材,然后把收集来的题材大胆地进行艺术夸张,突出它们的特点,尤其是色彩要靓丽生动。沙燕风筝(如图 2-3)是我国的非物质文化遗产,它的造型就是一种很典型很特殊的艺术夸张,颜色种类繁多,有黑锅底,有青花蓝,有中国红,有唐三彩等。还有盘旋类风筝中的盘鹰风筝大多数都做成和真鹰 1:1 的效果,盘飞起来可以假乱真。

图 2-2 羽毛风筝

图 2-3 沙燕风筝

风筝的面积大小没有特别的要求,从艺术角度来说可大可小,可以把一只蜜蜂做成老鹰那么大,也可以把一只老鹰做成麻雀那么小。从现实学习的角度来讲,设计不宜超过 1 平方米,0.5 平方米大小最为合适。

二、构图的基本要求

1. 平衡

风筝结构的平衡非常重要。不对称型风筝的设计对初学者来说难度大一些,面积大的一侧质量也大,风阻也大,这就需要在左右形状和质量上进行互补,也可以在面积小的一侧适当增加质量,从而达到左右平衡的目的。

直线风筝的纵向平衡没有左右平衡要求得那么严格,可以通过提线的前后调整来解决,也可以通过加尾的方法来解决。

2. 质量

风筝的质量不可忽略,所以选用的材料很重要,选用的材料密度大,会使风筝自身质量增加,飞起来困难或飞不起来;选用的材料坚硬,会使风筝没有弹性和韧性,即使飞起来也会左右飘晃很难操控。通过历代风筝前辈们的努力和探讨,风筝的支架结构也就是人们常说的骨架材料,通常选用竹条、木条、玻璃纤维、碳纤维复合材料、轻金属等材料。竹材的优点是质轻,纤维直而密(皮部),因此有一定的强度、弹性和韧性,可以劈成各种规格的条,可以热弯曲,定型后不易变形,加工方便;缺点是刚性不如玻璃纤维、碳纤维复合材料。风筝面也就是蒙面材料,传统风筝以纸、绢为主,现代也使用人造纤维纺织品、无纺布、塑料薄膜等多种新材料。在风筝布料的选用方面,有的制作者进行了大胆的尝试,例如倪志辛曾用蜻蜓的翅膀制作风筝,效果很好,也有的制作者干脆用鸟的羽毛。

三、绘制图案

风筝图案要美观大方、形象生动、夸张得体,讲究中国的传统之美。

1. 仿真图案

许多风筝是仿真型的,风筝制作者力求仿真,特别是软翅类风筝,制作者以蓝天或碧水为画布,让自己的作品如鸟似鱼,任意遨游。

图 2-4 盘鹰风筝与真鹰共舞

一只好的仿真风筝,放飞起来的确可以让人产生错觉。例如盘鹰风筝在空中放飞引来真鹰与之共舞或搏斗(如图 2-4),可以使群鸟结对盘旋或远避。这样的例子很多,成为美谈的是温岭建筑设计院小赵师傅放飞盘鹰风筝时引来真鹰缠线下落,最后为了保护动物将真鹰放归大自然。

2.吉祥图案

设计纸面要突出主题,可以加点吉祥的图案(如图2-5),让观者在感受美的同时还能体味制作者表达的祝福。即使不放的时候在家也能得到美的享受,有一种美好的心情。

图2-5　软板风筝

传统风筝上的那些图案充分反映了中国的优秀传统文化与民间习俗,也充分表达了人们的向往和追求,寄托了人们的美好愿望。常见的图案有:

(1)人物类:和合二仙、仙女、飞天、麻姑、西游记人物、老翁、小孩……

(2)动物类:大到大象狮虎,小到蚂蚱蚊虫,无所不包。

天上飞的:蝙蝠、苍鹰、仙鹤、鸳鸯、寿带鸟、蝴蝶、燕子、鹦鹉、孔雀、蜻蜓、寒蝉……

地上跑的:梅花鹿、猫……

草地蹦的:蚂蚱、青蛙、蟾蜍……

水里游的:鲤鱼、鲢鱼、金鱼、鲇鱼、螃蟹、龟……

心里想的:龙、凤、麒麟……

(3)植物类:松柏、仙草、灵芝、仙桃、牡丹、荷花、牵牛花、桃花、葫芦、樱桃、白菜、萝卜、梅、兰、竹、菊……

(4)文字类:福、寿、喜、和……

(5)器物类:如意、花瓶、灯笼、花篮……

还有几何纹样、吉祥纹样等。

3.设计图的绘制方法

制作者可以只画半幅图。因为风筝讲究对称,所以设计图一般只画一半。设计者可以用不同颜色的笔标出图案、骨架。

制作者所画的半幅图可以是细致的,也可以只画整体轮廓,在拓印图样时再添加细节。初学者最好画细致图形,熟练之后可以简化。画整体轮廓也就是说每次只画比较大的轮廓,确定一个整体样式,拓印图样时将平时已经准备好的各种图样添加进去。例如画蝙蝠,平时画出不同姿态、不同大小的小图样,用时直接拿来即可,至于不同方向的问题不必考虑,因为可以将图样旋转,也可以翻转,可以用电脑打印完成。

第二节 扎制骨架

风筝骨架的形成俗称"扎"。扎制风筝骨架非常关键,它是一个风筝正常放飞的基础。

扎制骨架一般包括选竹、削竹、弯竹、接竹(捆扎)等步骤。

一、制作工具

1.劈削工具

劈削工具主要有:刀、木锉、钢锉、桌虎钳、尖嘴钳、偏口钳、钢锯、电钻等(如图 2-6)。

图 2-6 劈削工具

过去制作风筝的艺人制作竹条，一刀而已；弯竹，一油灯即可。一刀一灯，纵横天下，以简单的工具把所需要的各种竹条（或高粱秆儿、细木条等）全部完成。

随着社会的发展，科学技术不断进步，各种工具不断出现。过去在大腿上垫块厚布抽削竹条的时代已经一去不复返。作为后来者，此法可以不用但不能不知，在特殊的情况下还能做救急之用。

2.加热工具

加热工具主要有：蜡烛、油灯、酒精灯、电烙铁、热风枪、喷灯……可任选其一（如图 2-7）。

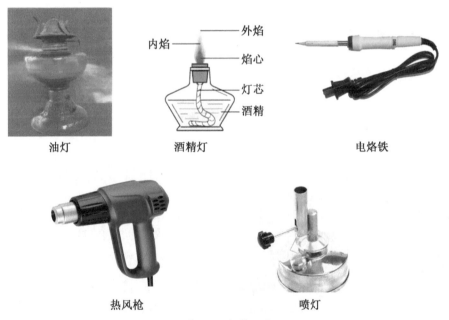

油灯　　　　　酒精灯　　　　　电烙铁

热风枪　　　　　　　喷灯

图 2-7　加热工具

以前弯竹用蜡烛、油灯，以油灯为佳，因为有灯罩，便于定点加热。

现在人们多使用酒精灯，酒精灯使用方便，酒精灯的火焰分为外焰、内焰、焰心三层，外焰温度最高，加热时有人用内焰，有人用外焰。用外焰烤竹条，竹条与火焰顶部要有一定的距离；用内焰烤竹条，要不断地进出火源区。不管用哪种方法，都极易烤煳，要反复实验。酒精灯有易燃酒精和明火，用起来不安全，用电烙铁烤细竹条最好，因为没有明火，不易烤煳。热风枪也没有明火，烤制粗条、细条均可。

【温馨提示】

1. 安全

十三岁以下儿童劈削竹条必须有成年人陪同、指导，要戴手套。

烤制竹条应由成年人完成，注意用火、用电安全。

如果用酒精灯等明火，应严格遵守操作规程。酒精灯用火柴点燃，用灯帽熄灭，灯内酒精的体积不能超过酒精灯容积的2/3，旁边要准备湿毛巾或大椅垫等灭火用具。

常做风筝的人基本都受过伤，主要为划破手指、扎刺等，安全问题必须高度重视。

2. 工具专用

工具一般是专人专用，不经允许不要动别人的工具。

二、制作骨架材料

制作风筝骨架的材料主要有：竹材、高粱秆、碳杆、木条、塑料管以及轻金属连接管、细线、胶水等连接材料（如图2-8）。

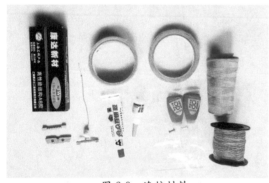

图2-8 连接材料

制作风筝骨架的材料首选竹材。竹子的种类很多，全球大约有1200多种，我国有250余种。比较有名的竹子有：毛竹、翠竹、黄竹、紫竹、墨竹、斑竹、苦竹、罗汉竹、凤尾竹等。

竹子种类虽多，一般选用毛竹制作风筝骨架。毛竹好用而不贵，分布广，产量大，竹节长可达四十厘米。制作小风筝也可以用产自南方的水竹。

竹子的根部竹节短、壁太厚，竹梢细、壁太薄，都不好用，竹子的中段最好。

竹黄部分有的称竹瓢，也有的称竹肉。

放置几年的竹板又硬又脆，一般不会使用。

制作细竹条可用熏蒸的方法，经过这样处理的竹条加工时不易折断。

三、制直条

第一步：锯。根据设计图用木锯或钢锯将竹板截成需要的大致长度，所截长度比实际长度长 2～3 厘米，便于修整。截取时要考虑竹节的位置，让竹节躲过插接、烤制的关键位置。

如果制作微型风筝，最好选独节的竹条，这样容易加工。

第二步：锉。就是用锉刀去掉竹节的突出部分，使竹节表面变得平滑（如图 2-9）。

锉，最好用纹理最粗的平板钢锉。木锉容易出槽（沟），影响竹条的强度。

处理竹节前最好将竹条固定，双手持锉，平稳地来回移动，不能急于求成。

图 2-9　锉

第三步：劈。将竹片劈成宽窄不等的竹条（如图 2-10）。

劈竹，其实主要是撕，利用竹子的纹理，将竹条一分为二、二分为四。要想撕正，靠的是刀刃的左右拨动和手捏竹条的力度与位置。操作者要反复实践、反思、总结，才能达到一气呵成的地步。

图 2-10　劈

第四步：削。使竹条变成我们希望的粗细程度。削竹是竹条的精细加工，是去掉竹条除竹皮一面的其余三面的多余部分。过程就是削与检查反复进行，直到满意为止。

去掉竹黄，注意要有一定的余量，防止报废。

反复抽削。做风筝的老艺人，过去的做法就是大腿上放一块厚布，一手持刀，刀刃搭在竹上，一手握竹抽动，削细竹条。

现在的人怕受伤，主要做法有：

（1）将竹条放在桌上，一手持刀，一手握竹，或竹不动刀动——推削，或刀不动竹动——抽削，反复进行。

图 2-11　刨

（2）用木工的刨子,将其固定在桌虎钳上,刨刃向上,削制竹条(如图2-11)。

在削的过程中要随时检查,制作风筝的竹条,部位不同,要求也不相同。有的一端粗一端细(例如沙燕的尾条),有的中间粗两端细,有的整根竹条一样粗细,要根据需要细致加工。

检查竹条的方法:双手各握住竹条一端,向下用力使竹条呈弓形,看弧线是否圆滑。何处显直,说明何处粗厚,需要进一步修整。检查与修条反复进行,直到满意为止。现在很多人一般用游标卡尺进行精确检验。

要想知道一根竹条两边是否等重,可以将刀锋放在竹条中心线下,然后抬起观察,看竹条是否左右平衡;要想知道两根竹条是否等重,可以将竹条放在调好的天平上称重,然后将重的一根刮薄,达到两边平衡。

图 2-12　刮

第五步:刮。也有人称此步为"杀青"。刮,就是刮去竹皮表面的薄膜,这样可以使它整洁,易粘纸面,不易生虫(如图2-12)。

【温馨提示】

竹条越削越细,手要越来越稳,把握力道与刀法,防止前功尽弃。

以上过程初学者必须戴手套,以免受伤。

四、烤竹条（弯）

扎骨架常常需要弯曲的竹条,这就需要烤,用加热方法使竹条变形。烤竹条需要的工具一般有加热工具和尖嘴钳子。烤制的工具有的用酒精灯(如图2-13),有的用热风枪(如图2-14),有的用电烙铁……

将竹条剪好长度,在竹条上标明烤制的部位。烤的时候制作者两手握住竹条,或一手握住竹条,另一只手握尖嘴钳子夹住竹条,将竹条挨近火源加热,感觉竹条变软后两手缓缓用力弯曲,离开火源后两手不要马上松劲,待竹条冷却不再还原为止。

烤制时竹条是会出"汗"的,曹雪芹的书中有"汗不去透形必还"一句。但达到这一步很难,很多人想了不同的办法,如烤制竹条不同的面,有的烤竹皮(竹青)一侧,例如制作蝴蝶风筝的膀条;有的烤竹子的内侧(竹黄),例如制作蝴蝶风筝的身体(鼓肚)的竹条。

图 2-13 酒精灯烤制

图 2-14 热风枪烤制

风筝讲究对称,中线两边的竹条长短、薄厚、软硬程度要基本相同,所以在制作软翅膀条的时候要先烤制后分开,达到两边一样。分好后将两根竹条并放在一起用刀削刮,力求两根竹条完全一致。

五、组装(接)

所谓组装就是把已经削好的竹条组合在一起。

将竹条按顺序摆好。量好竹条并标明竹条交叉处的位置(如图 2-15),使两边与其他竹条的交接处一致,方便捆扎。

扎制风筝骨架的要求:①简单匀称;②扣榫严密;③扎口严紧;④木条光滑。风筝左右竹条等长、等重、等韧性。

竹条连接方法一般有:十字接、劈口接、搭接、对接等(如图 2-16)。

图 2-15 量竹条

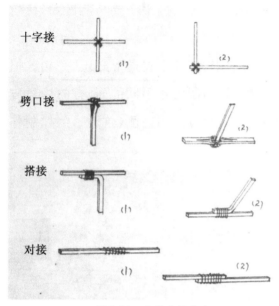

十字接　(1)　(2)

劈口接　(1)　(2)

搭接　(1)　(2)

对接　(1)　(2)

图 2-16　竹条连接方法

此部分应注意两点:一是组装一般要用细线捆扎,捆扎竹条应注意的是两根竹条交叉的位置和角度,务必使两边一样;二是达到结实而不重,缠线不多,捆住即可。有的小风筝制作者不用细线捆扎,直接用黏结力很强的胶,将竹条粘在一起,但这样做效果不好,时间长一点或用几次后便会裂开,还是用线缠绕几圈为宜。

在骨架竹条上做提线位置记号,记号要画在竹黄面上,以免在糊纸面时被盖住。

第三节　绘　画

绘制风筝一般包括选色、打底、描样、着色、勾线、补色等步骤。

一、工具及材料

剪刀、画笔、调色盘、颜料(用丙烯颜料的比较多)、无纺布、宣纸、撕不烂纸(毛纸)。(纸类任选其一)

画笔应该用粗细适中的毛笔,最好是不软不硬,涂描均可。毛笔应多准备几支,还要有狼毫笔,大、中、小号勾线毛笔。

用作风筝面的材料很多,每种材料都有自己的特点与优势,现在用得较多的是无纺布。

颜料最好用水质的,如果用油画颜料,会使风筝重量增加;用油画棒会损害纸面。

不同的色彩搭配会产生不同的视觉效果（如图2-17）。

图 2-17　不同色彩搭配的风筝

二、上浆

如果无纺布或其他糊风筝的面料太薄（透风），或者抗拉力太差，或者不易着色，可以先给材料上浆。做法是将稀释的乳胶、面糊用板刷均匀地涂抹在风筝面上；或用盛满乳胶等稀释液体的盆浸泡风筝面，然后挂起晒干。

三、打底

有些风筝在绘画之前，要先上一层底色，例如画蜻蜓、寒蝉、蜜蜂等昆虫的翅膀部分，打底色可以使画面更漂亮。

打底色需要大面积涂色，所以要求均匀。一般有以下几种做法。

1.颜色渐变底色做法

先将风筝面置于桌上，将需要的几种颜料备足调好，用板刷在风筝面轻轻地刷上一层水，待风筝面完全湿润后，用板刷蘸颜料均匀涂色。特别要注意颜色接合部的处理，可以将风筝面提起，对光查看涂色是否均匀，如果效果不理想，在颜色未干之前用板刷反复掸拭，也可以再次着色。

2.纯底色做法

如果不需用颜色渐变画法，只上纯底色，可以采用上面的做法，也可以采用染布的方法完成。具体做法是：

用一个平底盘，里面放稀释好的颜料，将风筝面放置其中，最好不要折叠。如果容器较小，可以将风筝面一端放入，另一端慢慢拉出（如图2-18）。要确

图 2-18　纯底色做法

保全部浸润着色,然后挂起晒干。

无论是上浆还是打底色,在干透后要用熨斗熨平,以利于下一步的绘画。

四、描样

描样,就是在风筝面上描出风筝的全部线条。

因为糊风筝用的纸或者布是比较透的,铺在图上完全可以清晰地看出材料下面图形的样子,画在风筝面背面上的线条,正面也能看得非常清楚,所以描样的做法是:将风筝面铺在设计图上,用签字笔或铅笔勾描出设计图(大样)上的线条,如果设计图是半幅图,半部勾描好后,将风筝面翻过来,沿中线找好另一半的位置,用镇尺压好,固定后,勾描另一半,形成一个完整的图形。

描样以前的做法是:与最后的勾边,也就是勾线结合,一次成型。每一块要涂什么颜色,就用毛笔蘸什么颜色进行勾描,这样做虽然费时,但因省略了一个环节,总体看用时大体相当。

现在一般用签字笔勾描,然后上色,最后用毛笔勾描轮廓线。

五、着色

以工笔居多,尽量用原色,注重主色调。

用色要求鲜艳、亮丽、对比鲜明。以 3~4 种颜色为宜,不可太多、太杂,少用邻近色。

绘画要求线条流畅,色彩鲜艳。描画时如果水分太多,可以用备好的卫生纸吸去画面或者画笔上多余的水分。

因风筝讲究上天的效果,所以给画面着色要薄而匀,风筝画得好不好既要放在桌上看,也要对着太阳看(如图 2-19)。如果用色太厚会产生两种不好的结果:一是画面会起皱,形成皴(cūn)裂纹,影响美观;二是会使画面收缩,影响放飞效果。

房间里　　　　　　　　　　　　　　阳光下

图 2-19　房间里和阳光下的图片

六、勾线

勾线的要求是准确、流畅、对称。

七、补色

补色一般在风筝面粘贴和裁边工作完成后进行。在粘贴过程中，往往会出现出边、走偏等问题，所以，可以分几次进行粘贴，布（纸）块间留有空白或重叠，这就需要补色。补色可以使画面更完整、漂亮。

补色要根据具体情况做出决定，尽量根据原设计图进行。

如果风筝面不小心被碰脏，要想方设法进行弥补，化腐朽为神奇。此处最能显现制作者的美术功底。

第四节　裱糊净边

糊，就是把已经画好的图样贴在骨架上。贴时要做到画面平整，不能凸凹不平。使用的胶一般为乳胶，也有用其他胶水的。

一、工具及材料

小刷或毛笔、熨斗、美工刀、白乳胶。

二、熨平风筝面

贴风筝面前应该将画好的风筝面用熨斗熨平或者用平底的热水不锈钢茶杯压平,这样能够达到画面平整、风筝面与骨架粘贴更好的效果。

三、粘贴

乳胶涂抹在骨架正面(纵向主条的竹青面)。因为风筝在放飞的过程中,竹条会变形,这样利于放飞。蒙风筝面时不要用力抻纸,如果让风筝面绷得太紧,会影响放飞效果。

风筝不同,糊法也不相同。例如沙燕,要先糊两膀,再糊两腿,最后糊头和身;一般板子、软翅风筝,都是采用平贴的方法直接糊纸。

四、裁边、补贴

风筝糊好后,要把多余的部分裁剪下来,裁剪的方法主要有三种。

一是将多余的风筝面边留 0.5~1 厘米宽,然后剪多个小口,多余纸边抹乳胶,粘裹在竹条上,将竹条的四个面全部包住,这种方法叫"裹边",虽然不怎么好看,但是结实。

二是将多余的风筝面边留 0.3~0.5 厘米宽,然后剪多个小口,多余的边抹乳胶,粘裹在竹条的另一面上,这种方法只包住竹条的两个面,好看、结实,只是不好贴。

三是贴好后,多余的风筝面全部裁下,这种方法只包住竹条的一个面,好看、不结实、易开胶。

前两种方法在竹条连接处和端点位置要多留一些风筝面,然后抹胶粘在竹条上以增加强度,这两种做法都比较美观,还可以看到风筝制作者制作竹条的工艺水平。

三种方法的选择,依采用的材料、制作的目的不同而决定。如果风筝面太厚,一般采用只贴竹条的一面。

过去做风筝一般都是先糊后绘,图案全部记在制作者的心中,显示出风筝制作者高超的绘画功底。

现在往往采用先画后糊，或两者结合的方式。这样画面会显得更细致，看起来也更漂亮。

第五节　安装提线

一、工具材料

针、普通缝纫机线。

二、几种绳扣系法

制作风筝的人一般会系很多种绳扣（如图 2-20），不同的绳扣自然有不同的用途。不同的地区，对绳扣的叫法也有不同。

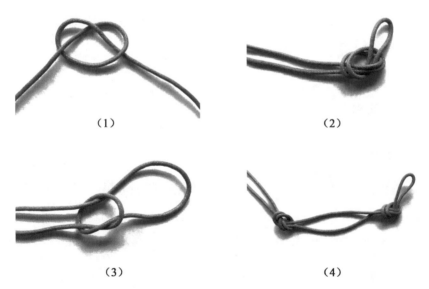

（1）　　　　　　　　　　　　　　　（2）

（3）　　　　　　　　　　　　　　　（4）

图 2-20　几种绳扣系法

图 2-20（1）这种绳扣系起来最简单。

用途：此扣用途最广，可以在捆扎风筝骨架时使用。

图 2-20（2）的系法：将线绳的一端回折，然后系一个第一种扣，形成一个

绳套。

用途：此扣一般在系风筝提线时使用，用在风筝与放飞线之间的连接。如果用在提线之间的连接，可以滑动，用于放飞角度（迎角）的调节。

图 2-20（3）的系法：将线绳的一端回折，在绳身上系一个红领巾扣，形成一个能够来回移动的绳扣。

用途：拴风筝提线时系在竹条上，这样比较牢固。

图 2-20（4）的系法：将线绳的一端回折，重叠的部分应在 14 厘米左右，然后按照第二种绳扣的系法，连续系两个。要求顶端的绳套要小，长度约 2 厘米，第二个绳套较长，长度约 10 厘米。

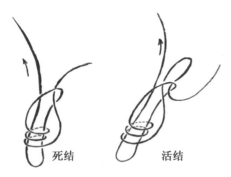

死结　　　　活结

图 2-21　提线在风筝面上的系法

用途：此扣一般系在放飞线的一端，用于与风筝提线的连接。

左边这两种系线法类似于系红领巾，比红领巾系法多绕两圈，都可以抽紧，活结非常容易解开，这两种系法都很适合提线在风筝面上的打结（如图 2-21）。

三、提线系法

1. 一根提线系法

位置：在风筝的重心偏上一点点。确保系好后提起，风筝中间竹条与地面夹角 10°～15°。

系法：采用图 2-20 中第三个绳扣的系法拴住风筝，提线的另一头采用图 2-20 中第二个绳扣的系法系一个绳套或绳结［如图 2-22（1）］。

2. 两根提线系法

位置：第一根提线上点在风筝中间竹条上三分之一到五分之一处，下点在风筝中间竹条下约三分之一处。

系法：第一根线绳两端采用图 2-20 中第三个绳扣的系法拴住风筝，线绳长度适中。第二根线绳的一端采用图 2-20 中第二个绳扣的系法系一个绳套,然后套住第一根线绳,另一端采用图 2-20 中第二个绳扣的系法系一个绳套或绳结[如图 2-22(2)]。

3.三根提线系法

位置:上线两点在风筝中间竹条上四分之一到六分之一处,一般为竹条交叉处,左右两点对称;下点在风筝中间竹条下约三分之一处。

系法:第一根线绳的两端分别采用图 2-20 中第三个绳扣的系法拴住风筝,线绳长度一般为上不过头顶;第二根线绳的一端采用图 2-20 中第二个绳扣的系法系一根绳套,然后套住第一根线绳,另一端采用图 2-20 中第三个绳扣的系法系住下点,线绳长度适中;第三根线绳的一端采用图 2-20 中第二个绳扣的系法系一个绳套,套住第二根线绳,另一端采用图 2-20 中第二个绳扣的系法系一根绳套或绳结[如图 2-22(3)]。

 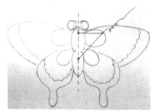 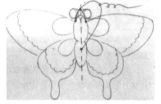

（1）一根提线系法　　　（2）两根提线系法　　　（3）三根提线系法

图 2-22　提线系法

四、调整

两根提线和三根提线的系法需要对交接处绳扣的位置进行调整,上提线与风筝面纵中心线形成的夹角应为 90°。

板子风筝放飞时要在风筝的中心部位到靠上约整体的五分之一处,用丝线将风筝横向拉成弧形,利于在飞行时泄风。

第三章　小风筝制作实例

实例让学习更生动,它能直接影响人的观察力、记忆力、思维力,比理论学习更充实,更吸引人。在风筝制作过程中,往往会产生新的技术觉悟或新的创作方案,开阔人的视野和想象。小风筝制作与大风筝一样来不得半点马虎,但小风筝制作具有用时短、材料省、需要空间小、室内可试飞等优点,可以使我们学习更高效。那如何多快好省地制作小风筝呢?

第一节　扇形可收卷风筝

扇形可收卷风筝属于软板风筝,骨架比例符合黄金分割定律,它最大的特点是轻,室内无风易飞,还可以卷起来收藏。

一、材料

塑料薄膜或玻璃纸 1 张,直径 1.2 毫米、长 36 厘米的碳杆 3 根,直径 1.2 毫米、长 25 厘米的碳杆 1 根,直径 1.5 毫米(内径 1.3 毫米)、长 2 厘米的聚氯乙烯(PVC)管 2 根、双面胶、单面胶、胶水、小刷子、棉线。

二、工具

直尺、量角器、剪刀、油性记号笔、针。

三、制作过程

1. 设计图纸

风筝面正面（光滑面）朝下，铺平不要绷紧，在上面画出两条 36 厘米长的顶角为 105°的两条边，没有量角器也可以依据纸张选 90°，以顶点为圆心画一半径为 36 厘米的圆弧，并画出扇形顶角的角平分线（如图 3-1）。

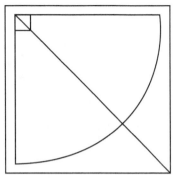

图 3-1　90°角图纸

2. 扎制骨架

在两根 36 厘米长的碳杆约 14 厘米处（黄金分割）标上标记，剪取 2 厘米长的 PVC 管两段，再将每段剪掉 1.4 厘米长的半管，分别将剩下的 PVC 管包在碳杆的 14 厘米处用线绕上（绕线开始起头的方法如图 3-2 所示），绕好后涂上胶水或者用双面胶粘住线头成一盲管（如图 3-3）。

（1）　　　　（2）　　　　（3）

线孔　　　线头　　　　将线头穿入线孔

图 3-2　绕线开始起头的方法

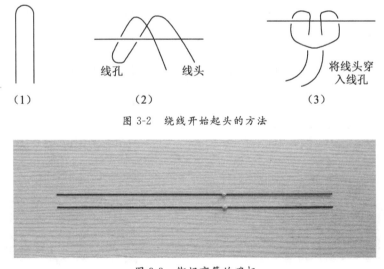

图 3-3　绑好盲管的碳杆

3. 绘画

在扇形里面画图，画的内容自定，只要是健康的，想画什么就画什么，注意突出主色，对比鲜明。也可以用彩色玻璃纸的剪纸作品粘贴，如果是彩色玻璃纸也可以不画。

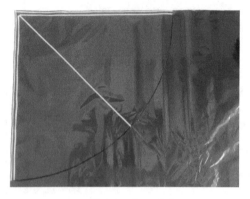

图3-4　粘双面胶

4.裱糊净边

在两条直角边边缘和离边缘0.5厘米处分别粘上双面胶,在角平分线上也粘上双面胶(如图3-4)。撕开离型纸,在两直角边粘上绑了盲管的碳杆,盲管朝里,离顶端14厘米,将碳杆包边再用单面透明胶固定。在角平分线上粘上36厘米的碳杆,上面覆盖透明胶带。剪掉弧线外部分,如果纸大可以直接留尾巴裁剪。

长25厘米的碳杆两端插入两条边的PVC管里,使碳杆的弧形角度与扇形边缘的角度一致。

5.安装提线

剪取约50厘米长的棉线两根,一根系在风筝正面中杆离顶端约6厘米处,另一根系在风筝正面中杆离顶端约24厘米处(如图3-5)。或者剪取约70厘米长的棉线,一头系在中杆离顶端约6厘米处,另一头系在中杆离顶端约24厘米处。提起两根线使风筝面水平平衡,在提点将两线并拢打结,结点与风筝面的距离为10~15厘米为宜(如图3-6)。

图3-5　分别系好两根提线

图3-6　两根提线打结

6.调整

可在背面两边碳杆的PVC管处加系后勒线,使风筝整体呈弓形,好飞可以不加。

也可以加长尾巴,尾巴规格及黏糊位置为:3 厘米宽、60 厘米长的同蒙面材质的一条尾巴贴在弧线中点;2 厘米宽、40 厘米长的同蒙面材质的两条尾巴分别对称贴在弧线两边四分之一处(如图 3-7)。

图 3-7 扇形可收卷风筝

第二节 菱形风筝

菱形风筝制作简单,是广泛选用的基础款风筝,易表现多种题材,起飞性能好。

一、材料

长 43 厘米、宽 0.4 厘米、厚 0.2 厘米的竹条 1 根,长 50 厘米、宽 0.4 厘米、厚 0.2 厘米的竹条 1 根,长 50 厘米、宽 43 厘米的长方形无纺布 1 块(或塑料膜 1 张),棉线 5~6 米,胶水,宽 2.5 毫米的双面胶,长 60 厘米、宽 2 厘米的无纺布 2 条。

二、工具

直尺、剪刀、记号笔。

三、制作过程

1. 裁风筝面制图

风筝面正面(光滑面)朝下,把长方形无纺布两条短边对折[如图 3-8(1)],在对折后的长方形无纺布长边的约 16 厘米处,标上标记[如图 3-8(2)],将标记与对折线两端分别画上直线[如图 3-8(3)],按线剪掉边角(蓝色)部分,展

31

开就成菱形,菱形是规则图形,外形不变但图案灵活。

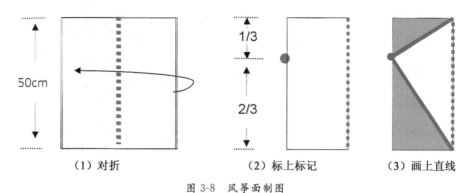

（1）对折　　　　　　　（2）标上标记　　　　　（3）画上直线

图 3-8　风筝面制图

2. 绘画

注意突出主色,对比鲜明。可以画的内容很多,只要是健康的,想画什么就画什么。例如山水、人物、动植物、几何图形、卡通、剪纸图案……

3. 裱糊

将风筝面正面(光滑面)朝下,反面朝上平铺。在两根竹条的竹青面(指竹子的外表皮)贴上双面胶,将长竹条粘在对折线即折痕上,短竹条粘在另一条对角线上(如图 3-9),翻过来正面轻按。贴尾巴:将长 60 厘米、宽 2 厘米的无纺布贴在风筝最下端,风小时短些,风大时加长(如图 3-10)。

图 3-9　粘竹条　　　　　　　　　图 3-10　粘尾巴

4. 安装提线

提线系在风筝正面。

一线法:系在两杆交叉处(如图 3-11)。

两线法:一根系在离长竹条顶端 8 厘米处,另一根系于离下端 16 厘米处,使上一根提线与蒙面成 85°～90°角,提线结与风筝面距离为 20～25 厘米,将两线打一环结(如图 3-12)。

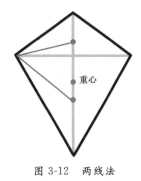

图 3-11　一线法　　　　图 3-12　两线法

5.调整角度

在横竹条两端系一根线,略微短于横竹条,使风筝整体呈弓形。两线法的活结可以根据实际飞行情况调节。

第三节　爱之箭风筝

爱之箭风筝是菱形风筝的变形,出自风筝大师墨斗李(李若莘)之手,观赏性极佳。

一、材料

长 35 厘米、宽 0.5 厘米、厚 0.1 厘米的竹条 1 根,直径 1.6 毫米、长 47 厘米的碳杆 1 根,长 42 厘米、宽 35 厘米的长方形无纺布 1 块(或塑料膜 1 张),红纸 1 张,宽 3 厘米的透明胶带,棉线。

二、工具

直尺、剪刀、记号笔。

三、制作过程

1.裁风筝面制图

将风筝面正面(光滑面)朝下,把长方形无纺布两条长边对折[如图 3-13(1)],

在对折后的长方形无纺布短边离上端 13.4 厘米处标上标记,将标记与对折线两端分别画上直线[如图 3-13(2)],按线剪掉边角(蓝色)部分,展开就成菱形,对折红纸,在上面画半个红桃心,剪下,画一个箭尾剪下。

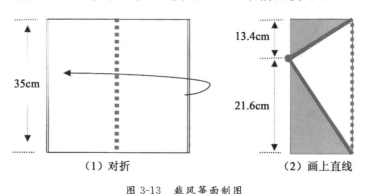

（1）对折	（2）画上直线

图 3-13　裁风筝面制图

2.绘画

将碳杆及边缘涂成棕色,呈弓状。

图 3-14　爱之箭风筝

3.裱糊

将风筝面正面(光滑面)朝下,反面朝上平铺。将 35 厘米长的竹条用单面胶固定在短的对角线即折痕上。剪取两条长 25 厘米、宽 3 厘米的透明胶带,一半贴在风筝面正面两条边上,另一半包住 42 厘米的碳杆两端贴在风筝面反面。加固碳杆两端并粘上小圆弧(不粘也可)。剪掉弧形碳杆上面蒙面,贴上"爱心",在下端贴上箭尾(如图 3-14)。

4.安装提线

剪取约 70 厘米长的棉线,一头系在两杆交叉处,另一头系在中杆离下端约 9 厘米处。剪取约 28 厘米长的棉线,对折打结,穿套在第一根提线上,提起,使第一根提线的前部分短于后部分,且与蒙面成 85°～90°角。

5.调整角度

两提线处活结可以根据实际飞行情况调节,根据提线的长短可分成慢打斗风筝和快打斗风筝。

第四节 衣裳鹞风筝

衣裳鹞风筝是宁波段震利老师的作品[如图 3-15(1)],视觉效果极佳,易飞。衣裳图案可自由发挥想象,如胡青萍老师将剪纸作品粘在风筝面上[如图 3-15(2)]。

(1)

(2)

图 3-15 衣裳鹞风筝

一、材料

长 60 厘米、宽 45 厘米的长方形醋酸绸 1 块,直径 1.6 毫米、长 60 厘米的玻璃杆或竹条 1 根,直径 1.6 毫米、长 45 厘米的玻璃杆或竹条 1 根,直径 1.2 毫米、长 60 厘米的玻璃杆或细竹条 2 根,红色缝纫机线,涤纶线,胶水,网格胶带,双面胶带,丙烯颜料。

二、工具

粉笔、直尺、剪刀、记号笔、针、画笔。

三、制作过程

1. 设计图纸、绘画

将醋酸绸放在书画垫上,在 60 厘米长的一边离边缘 1 厘米处用粉笔画一直线,在直线的 15 厘米、30 厘米、45 厘米处标上标记。在 30 厘米处画一条与此直线垂直的线,在垂直线的 25 厘米处标上标记。照着半件衣裳模板用粉笔在醋酸绸上画出衣服轮廓(如图 3-16),用同样的方法画出另半件衣服轮廓。拿半圆量角器画出衣领口轮廓(如图 3-17),会画的可不用量角器。在醋酸绸的正面用丙烯颜料画出衣服纽扣、袖口等处花纹,领口处用白色颜料涂匀。

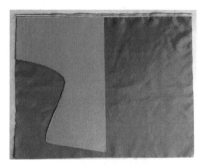

图 3-16　模板制图

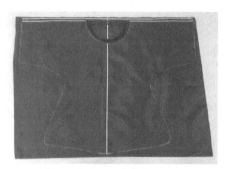

图 3-17　画衣领

2.裱糊净边

将风筝醋酸绸正面(光滑面)朝下,反面朝上平铺。在 60 厘米醋酸绸边缘粘上双面胶,在画的两条直线上也贴上双面胶,撕掉离型纸,将粗的玻璃杆或竹条粘在 60 厘米这条直线上,包边,在两端用红色缝纫机线固定。将另一粗玻璃杆或竹条也用双面胶粘在 45 厘米这条直线上,与顶端十字相交,用透明胶带覆盖固定。再将细的玻璃杆(或细竹条)两端分别用 5 厘米长的网格胶带粘在 15 厘米(另一根是 45 厘米处)与对角衣角处,包边。为了牢固及美观,用双面胶将蒙面的零碎料覆盖在网格胶带上(如图 3-18)。也可以把骨架粘成三横一竖(如图 3-19)。剪掉衣裳轮廓外的部分。

图 3-18　米字形骨架

图 3-19　王字形骨架

你觉得两种骨架飞行效果一样吗?

3.安装提线

剪取约 50 厘米长的涤纶线两根,一
根系在横竹条 30 厘米的十字交叉处,另
一根系在垂直竹条的 25 厘米标记处。
或者剪取约 70 厘米长的涤纶线,一头
系在横竹条 30 厘米的十字交叉处,另
一头系在垂直竹条的 25 厘米标记处。
提起两根线使风筝面水平平衡,在提点
将两线并拢打结,结点与风筝面的距离
为 20～25 厘米为宜(如图 3-20)。

图 3-20 安装提线

4.调整角度

如果发现风筝总是前倾,应将上提线放长些;若是单提线,应将其稍向下
移。反之,飞远飞不高应将上提线缩短;若是单提线,应将其稍向前移。如此
调整即可得到正确的迎角,风筝即会爬高。

你觉得两种骨架哪一种飞行效果更好?

第五节　六边形半筒风筝

六边形半筒风筝飞起来时呈半筒立体形,样子像一个簸箕,又叫簸箕风
筝,简单易做,竹条也可不加。

一、材料

长 60 厘米、宽 40 厘米的长方形无纺布 1 块或打字纸或拷贝纸或片艳纸
1 张,长 75 厘米、宽 3.8 厘米纸条 2 片,长 40 厘米、宽 0.4 厘米、厚 0.1 厘米
的竹条 2 根,细棉线,胶水,胶带纸,双面胶带。

二、工具

直尺、剪刀、记号笔、针。

三、制作过程

1. 裁风筝面制图

风筝面正面(光滑面)朝下,把纸长边折成四等份,按图剪去四个角,展开就成六边形(如图 3-21)。六边形是规则图形,外形不变,图案灵活,可以画娃娃头、孙悟空或写上毛笔字等,也可以用剪刀剪出眼、鼻、口来,不用涂色,放上去也会很好看。

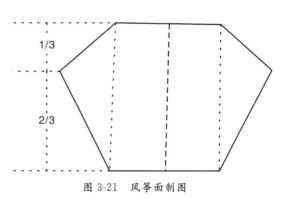

图 3-21　风筝面制图

2. 裱糊

将风筝面正面(光滑面)朝下,反面朝上平铺,左右外端用胶带纸加固。在两根竹条的竹青面(指竹子的外表皮)贴上双面胶,粘在两边的折痕处,翻过来正面轻按。贴尾巴:将两片长 75 厘米、宽 3.8 厘米纸条分别贴在风筝的两个下角,风小时短些,风大时加长(如图 3-22)。

图 3-22　六边形半筒风筝

3. 安装提线

剪取约 100 厘米长的棉线,两头分别用针穿过并系在左右边角上,在提线的中点打个结或者剪取约 28 厘米长的棉线,对折打结,穿套在第一根提线的中点上。

4. 调整角度

两提线处活结可以根据实际飞行情况调节。

第六节 八边形脸谱风筝

八边形脸谱风筝(如图 3-23)让我国戏曲的传统文化元素飞扬了起来。

图 3-23 八边形脸谱风筝

一、材料

横竹条之一:长 28.6 厘米、宽 0.1 厘米、厚 0.05 厘米竹条 1 根。

横竹条之二:长 26 厘米、宽 0.1 厘米、厚 0.05 厘米竹条 1 根。

横竹条之三:长 24 厘米、宽 0.1 厘米、厚 0.05 厘米竹条 1 根。

纵竹条(上粗下细):长 29 厘米,上宽 0.1 厘米、厚 0.1 厘米,下宽 0.05 厘米、厚 0.05 厘米竹条 1 根。

已裁好的八边形无纺布,长 25 厘米、宽 3 厘米无纺布 2 片,颜料,白乳胶,普通缝纫机线。

二、工具

直尺、铅笔、橡皮、毛笔、调色盘、针。

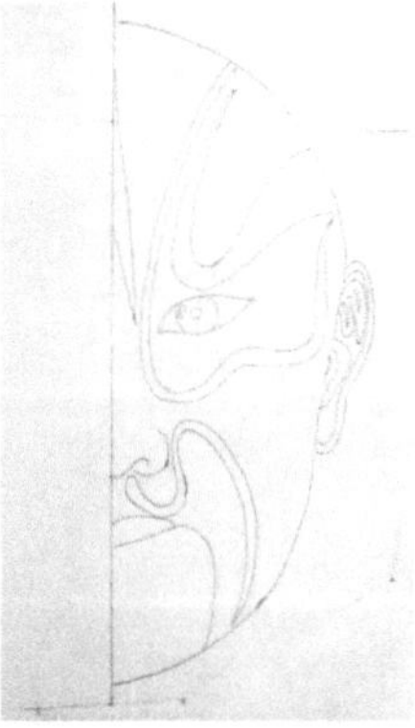

三、制作过程

1. 制图

先画好半边脸谱(如图 3-24),对折无纺布,画出另一半脸谱。

脸谱是传统戏曲演员脸上的绘画。红色脸:象征忠义、耿直、有血性,如"三国戏"里的关羽、《斩经堂》里的吴汉。图 3-24 中为吴汉形象。

图 3-24 半边脸谱图

2.扎制

扎制这样的风筝,需用的竹条全部为直条,所以制作比较简单。竹条加工好后,按图 2-16 十字接(1)绑扎。

3.绘画

注意突出主色,对称。

4.裱糊

图 3-25　粘竹条

先将纸面铺平,背面向上平放在桌面上,按以下步骤粘贴。

粘贴横竹条之一:将竹条竹青部分抹胶,对准图案上部左右两角,粘贴,按压。粘贴横竹条之二:将竹条竹青部分抹胶,在纵竹条 14.6 厘米处,与横竹条之一平行粘贴,按压。粘贴横竹条之三:将竹条竹青部分抹胶,对准图案下部左右两角,粘贴,按压。粘贴纵竹条:将纵竹条竹青部分均匀抹胶;与纸面中线对齐按在图片上,粘贴在一起;检查是否对齐,用手或重物按压。用细线将横竹条之二与纵竹条交叉点十字捆扎(如图 3-25)。贴尾:将 2 片长 25 厘米、宽 3 厘米的无纺布贴在风筝下端。

5.安装提线

两根提线:第一根提线的一端系在上交叉点上,另一端系在下交叉点上;第二根提线两端系绳套,一端系在第一根提线上。

6.调整角度

两提线处活结可以根据实际飞行情况调节。

第七节　长发女孩风筝

长发女孩风筝(如图 3-26)出自风筝大师墨斗李(李若莘)之手,在空中眼睛和嘴唇不断颤动,动感极强,给人美妙的享受。

一、材料

长 55 厘米、宽 45 厘米黑色尼龙绸或黑色薄膜 1
片,长 70 厘米、宽 10 厘米的黑色尼龙绸或黑色薄膜
1 片,直径 1.6 毫米、长 135 厘米的碳杆 1 根,直径
0.8 毫米、长 8 厘米的碳杆 2 根,长 26 厘米、宽 0.2 厘
米、厚 0.2 厘米的竹条 1 根,棉线,胶水,单面胶带,
2.5 毫米双面胶带,白纸,红纸。

图 3-26 长发女孩风筝

二、工具

粉笔、直尺、剪刀、记号笔(黑色和棕色)、带橡皮的铅笔、针。

三、制作过程

1.设计图纸

按大模板用粉笔在长 55 厘米、宽 45 厘米的黑色尼龙绸或黑色薄膜
上画轮廓线(如图 3-27),在头顶中央标上标记 A,在此标记处画一条直
线平分头部,用小模板画出眼睛和嘴巴轮廓(如图 3-28),再在眼睛和嘴唇
处画出两条水平线(如图 3-29)。

图 3-27 大模板制图

图 3-28 小模板制图

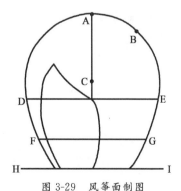

图 3-29 风筝面制图

拿一张白纸对折用剪刀剪出眼睛,将红纸对折用剪刀剪出嘴唇。不会画
的按模板剪眼睛和嘴唇。

2.黏糊扎制

依照弧线粘上双面胶,撕开离型纸,粘上碳杆,再用布分别包住碳杆,两端用黑色线缝住。将 26 厘米竹条粘在平分头部的直线处,一端与顶端 A 处相交。按图在 D、E 处系上一根 40 厘米长的线,因打结,量线时要大于 40 厘米,在 F、G 处系上一根小于 40 厘米的线,此线不能使上面的线松掉,再在 H、I 处系上一根线,同样不能使上面的两根线松掉。

3.绘画

用油性记号笔或彩色画笔在眼睛上画出虹膜、角膜。

4.裱糊

将风筝面正面(光滑面)朝下,按图 3-28 剪掉小模板的露脸部分。在线的两边贴上眼和嘴唇,将木条用单面胶覆盖固定。用长 70 厘米、宽 10 厘米的黑色尼龙绸或黑色薄膜片作为头发,在连接头部一端 8 厘米处粘上两个细碳杆,使它展开,在三分之二处均匀剪成 6~8 条,贴于眼睛对面的下角。

5.安装提线

按图 3-29 剪取约 25 厘米长的棉线 1,两端分别系在 A、B 处。剪取约 80 厘米长的棉线 2,一端系在 C 处木条上,另一端活结系在棉线 1 中间。剪取约 15 厘米长的棉线 3,一端活接系在棉线 2 上,另一端打结。也可以试着在中间竹条上像衣裳鹣风筝一样系双提线。

6.调整角度

两处活结可以根据实际飞行情况调节。

第四章　风筝室内花样盘飞

风筝室内盘飞改变了人们以往受控于风而被动放飞的局面,由于室内盘飞不受天气、场地的限制,保障了课程的正常进行,也克服了室外放飞的诸多安全隐患。室内盘飞靠的是相对运动产生风,因运动方式多样,故称花样盘飞。花样盘飞以创新形式赋予传统文化生机,以趣味、创意博得人们喜爱。如花样盘鹰,忽远忽近,上下翻飞,风筝翩跹起舞,360°旋转跨线等赏心悦目的高难度动作令人拍手称奇,特别是风筝安装上 LED 灯配上音乐,再结合太极、武术、舞蹈等元素,还是一个好看的节目。那如何优美地盘飞风筝呢?

第一节　航模风筝盘飞原理

航模风筝是一种模拟飞机在高空或低空自由盘旋的运动风筝,泡沫材质的航模风筝由河北刘栓虎发明。这类风筝主要适合 0～3 级风放飞,也可以在无风情况下甚至室内进行放飞。一般分高、中、低盘,高盘放到 500～1000米,有的甚至超过 1000 米,中盘放到 100～500 米,低盘在 100 米之内,也可以在 10 多平方米内原地盘飞。

一、结构

航模风筝(滑翔机)结构(如图 4-1)由机身、主翼和尾翼构成。主翼提供升力,尾翼控制飞行状态,尾翼既是方向舵又是升降舵,既能控制俯仰平衡也能控制横侧平衡。从基本结构上看,航模风筝有主动控制的气动舵面,正是这个结构导致了其盘旋的产生和控制的方式与盘鹰风筝有了差异。

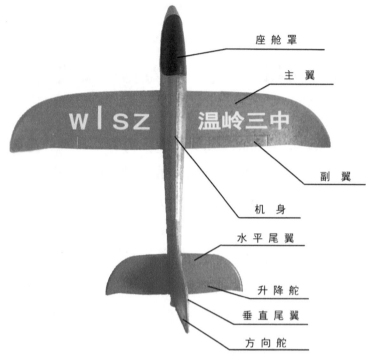

图 4-1　航模风筝(滑翔机)结构图

二、盘飞原理

　　无论是滑翔机还是战斗机,如果其水平尾翼左边上翻(负迎角)或者右边下翻(正迎角),就会使左边升力变小或者右边升力变大。阻力则由于其上翻和下翻的角度相同,使其左右阻力力矩互相抵消,对航模风筝横侧平衡不产生影响。由于航模风筝右边的升力大于左边,故其原有的力矩平衡将被打破,使航模风筝向左倾斜,形成坡度,坡度会使航模风筝产生向心力并使航模风筝左拐弯做圆周运动,从而产生左盘旋。右盘旋的原理相同,方向相反。由此可以发现,航模风筝的盘旋是升力矩的不平衡导致的,称之为"升力盘"。

第二节 盘鹰风筝盘飞原理

一、结构

盘鹰风筝结构(如图 4-2)由主翼和鹰身构成。主翼由三部分组成:大条、立撑和斜撑构成的三角区域,葫芦内圈(小斜撑)、葫芦外圈和大条构成的葫芦圈区域,剩下部分是风兜区域。主翼的作用是提供升力并主导盘旋。鹰身主要由尾翼和身体部分构成,尾翼的作用是配平风筝(俯仰平衡),并给盘鹰风筝一个迎角使主翼产生升力。身体部分主要的作用是象形和连接盘鹰风筝各部分。我们可以看到盘鹰风筝没有提供可以让人主动方便并适时控制的气动舵面。

蒙面　头圈　上插库　大条　葫芦外圈

中心条　斜撑　葫芦内圈　立撑

身圈　下插库　尾圈

图 4-2　盘鹰风筝结构图

二、盘飞原理

以头朝上方为例,在盘飞时,鹰向左翅方向(即逆时针方向)盘旋称为左盘,反之鹰向右翅方向(即顺时针方向)盘旋称为右盘。盘鹰风筝受风后的变化就是葫芦圈上翘,这个变化对于盘鹰风筝盘旋至关重要。葫芦圈上翘形成了近似航模混控尾翼的形态,只是盘鹰风筝葫芦圈上翘是左右方向相同,而上翘幅度则由竹条的弹性来决定。盘鹰风筝主翼是平板翼,其升力和阻力随着迎角的增大而增大(45°内)。葫芦圈上翘,形成的是负迎角,它会使主翼升力减小。现在以左边翅膀上翘比右边大为例来说明,盘鹰风筝受风后,上翘的左翅膀的负迎角大于右翅膀,也就是说盘鹰风筝升力是右翼大于左翼,按照前面航模风筝的说法,应该产生左盘旋,但实际情况是右盘旋,这是为什么呢?从升力的角度看应该有左盘旋的倾向,但是从阻力的角度看则正好相反。阻力在迎角 0°～90°内是一直增加的,而且在 45°后增加的更多更快,盘鹰风筝葫芦圈的上翘使盘鹰风筝主翼在翼展方向上发生了几何扭转,通过几何扭转,可以改变沿展向各剖面的有效迎角,调整了气动载荷的展向分布,从而减小机翼诱导阻力以及改善机翼升力、纵向力矩等特性。上翘大的一侧阻力小,上翘小的一侧阻力大,而上翘大的一侧有效面积小,上翘小的一侧有效面积大。以上这些原因都使右翼阻力大于左翼,左右阻力力矩不能被抵消,这和航模风筝不同。此时盘鹰风筝葫芦圈的这种上翘起到了模型飞机尾翼的作用,相当于航模飞机的尾翼一边上翘的幅度大,另一边上翘的幅度小。盘鹰风筝右翼阻力大于左翼,升力使盘鹰风筝左盘旋而阻力使盘鹰风筝右盘旋,最终的实际放飞结果是盘鹰风筝右盘旋,说明二者在效果上是阻力力矩占上风,在阻力力矩的作用下(水平面内的转向并非盘旋),就会产生内外翼速度差。因升力和速度的平方成正比,升力对速度更敏感,速度所产生的升力差要大于因迎角不同所产生的升力差,使得左翼升力大于右翼,这样升力力矩发生了变化,外翼(左翼)升力大于内翼(右翼)升力。盘鹰风筝产生外翼高而内翼低的坡度,而盘旋的原理与航模风筝没有区别,都是升力盘。阻力的不同是产生盘鹰风筝盘旋的起点,我们称之为"阻力盘"。

综上所述,升力盘以及阻力盘是根据起盘的原因不同而分类的,盘鹰风筝和航模风筝虽然盘旋的起因不同,但盘飞原理是相同的,最终都是升力盘,都是外翼升力大于内翼。

第三节 风筝线连接和拨轮练习

轮和线是风筝的控制器,熟练掌握才能飞好风筝。

一、风筝线连接

风筝室内放飞工具一般为放飞杆、握轮、线轮等。风筝线与风筝的连接一般不用钩和环,而是用线系个扣后直接连在风筝的提线上。

风筝线和风筝的连接方法有两种,方法的选取由提线的预设连接方法决定。一种是提线的一端为绳套[如图 4-3(1)],一种是提线的一端为绳结(线疙瘩)[如图 4-3(2)]。

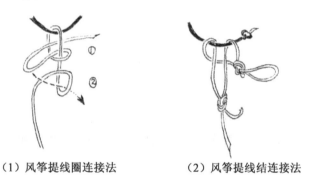

(1)风筝提线圈连接法　　　　　(2)风筝提线结连接法

图 4-3　风筝线连接方法

现在以第二种方法居多,室外放飞风筝也多用此连接法。放飞结束只要双手提住提线线头和风筝线连接线头,反向拉开,绳扣就松开了。这种方法易连接易解开,非常实用。

连接风筝线,调试提线扣的位置,使风筝中间竹条与地面夹角为 10°～15°。

二、拨轮练习

盘飞掌控在轮上,我们学习放飞就是学习运用一定的手法去操控轮进而操控风筝,因此,轮子大小规格要与风筝相匹配。室内盘飞的轮子选择原则是:①总体质量小,但材质不能太软。②杆子也可细一些,减轻质量,便于操作。③线径以 30～33 厘米为宜,不主张大线径,减少碰触情况,太小的话收线速度跟不上。④一般小直径导线环即可,做动作不易缠线。⑤轮上缠线 30～50 米即可,减轻质量。⑥轮子的轴径是 28 至 30 毫米。不同创意的轮盘如图 4-4 所示。

图 4-4　不同创意的轮盘

拨轮练习可以空轮拨,可以连接飞机风筝或盘鹰风筝练习,也可以进行摆鹰练习,训练手指的力量和手腕的力量以及收放线的速度。握轮用左手的拇指、食指和手掌托住轮子把手,不要握实,要空心握。拨轮可以用右手食指或食指、中指一起拨轮杆,单手可以用大拇指拨轮轴,也可以用中指和无名指拨轮杆。放飞时有时要刹车,小刹车就是用左手拇指和食指握住轮轴,中刹车是用左手中指、无名指挡住轮杆,大刹车用右手中指和无名指挡住轮杆下方,综合刹车是小、中、大刹车一起用。练习的飞机风筝以翼展 48 厘米为宜,盘鹰风筝以翼展 80～100 厘米为宜,太小的话,飘逸性就比较差。练习的时候先把翅膀拿掉找好零点系提线,如果有风就是上提半格提线,这样回头就会好一点。为了减少放飞成本及难度,建议用航模风筝练习。

第四节　航模风筝调试与放飞

调试与放飞是两个不可分割的部分,调试是基础,没调好的风筝飞不了。调试实际上是根据放飞情况进行的科学探究实验。那如何调试航模风筝呢?

一、滑翔机的调试放飞

1.安装

将滑行机主翼和水平尾翼插入机身,让垂直尾翼朝上,再进行以下三步操作:

(1)看看主机翼和后面的水平尾翼是否平行(如图4-5)。

(2)将尾巴上翘一点点,把主翼整体向上弯一弯(如图4-6),翼尖要有向上翘的弧度(可增加飞机的稳定性),此时注意主机翼两端上翘幅度一致,但前后不能扭曲,尾翼两侧也要对称。

(3)将飞机翻过来看看机身有没有发生弯曲,机翼有没有装歪,垂直尾翼和水平尾翼处都要是正的,如果弯了就把它调直(如图4-7)。

图4-5 滑翔机机翼平行检查

图4-6 滑翔机机翼曲度检查

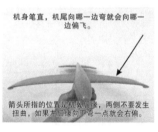

图4-7 滑翔机横竖直检查

2.试飞

风筝试飞可以很好地检验风筝的飞行性能,需要用心观察和反思。试飞时如果向右边盘而且很快落地,说明左机翼的升力大了。调整方法:①向上弯一下左机翼翼尖。②将机身的尾部向左边弯一下。垂直尾翼不变仍保持与机身垂直。

如果这两种方法试了,飞机还是要回弹或继续偏右,这个时候再认真检查主翼是否扭曲,把右机翼后缘下压(和盘鹰相反)。如果飞机左偏,调法跟右偏相反。

左右平衡的飞机如果打盘的时候,左边很快落地,右边也很快落地,说明提线靠前了或者是头轻了或者是尾巴翘多了,使得落差非常大。这个时候就要将提线往后移动一点点,或者加点头重(如在头部卷几层胶带),或者尾巴往下压一点点。

如果飞机带不动,或者不爱回头,说明头重了或者提线靠后了或者是尾巴下压多了,这种情况刚好与头轻相反,这时就要将提线靠前或者是头减重或者是向上翘一下尾巴。

飞机配重不是太严格,低盘头重一点,高盘头轻一点,如果需要无风低飞飘逸,头可稍重,通过提线配合它。在盘飞的时候不需要大力盘,只需要轻轻一带,柔柔一带,飞机具有惯性,侧身时就产生一个侧向的盘旋力或者说是向心力。如果飞机两边不偏的话就很容易回头,偏的话只能一边回头。飞机配重、提线位置都合适的情况下,只要有一点点打盘速度,放线时注意不要全松掉线,要轻轻按住轮子的刹车,不让风筝线完全松弛,略微带一点点拉力,这时等着飞机在空中回头,飞机达到一定速度之后,就会自动回头,特别是在高空中,它都会自动回头。

飞机无风低盘的时候要将提线靠后一点,飞的时候拉力大一些,打盘力气也要大一点。高飞需要灵活,如果太死板就不容易回头,如果太灵活无风难以起飞(如图4-8)。

> 高盘飞机要灵活一点,可加点尾重,或者提线往前移,或者上弯一点尾部,三者可同时操作也可以单独操作,低盘时就相反操作,但是要保证尾部有一点上弯的弧度,要不然不回头。

图 4-8 滑翔机高盘调试

二、战斗机的调试放飞

1.安装

安装好战斗机后,检查各部分形状:两主翼外侧稍弯,主机翼下端尖处有上弯,水平尾翼相对主机翼有上翘,两侧对称,竖翼竖直。

2.试飞

战斗机适合2.5~4级风盘飞,高盘如果一边好盘,一边难盘,则上弯一下两个水平尾翼;高盘如果不灵活,则上移提线,上弯尾或加尾重;如果风大,则下压尾翼,提线前移,或加头重再前移提线;如果无风,则加头重再稍后移提线;如果偏飞,则按图4-9所示调节水平翼和垂直翼。

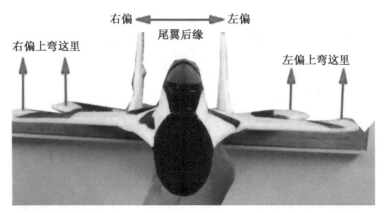

图 4-9　战斗机偏飞调节

第五节　盘鹰风筝调试与放飞

盘鹰风筝比航模风筝易变形、易损坏,调试放飞难度比航模风筝大。如何调试和放飞盘鹰风筝呢?

一、盘鹰风筝的平衡调节

盘鹰风筝制作完毕后,其特性已经被固定。安装时检查两翅膀是否平直,膀圈(葫芦圈)与膀是否在同一平面,尾部与鹰身是否成一条直线。

1.上下平衡调节

上下平衡调节实际上就是调整鹰头轻重的问题。提起提线,让风筝处于自由状态,增加或减少头重,使风筝保持水平或头部略高一点即可,通过手动实验和实际放飞,使其滑翔能力达到最佳状态。提线位置可根据自己的放飞手法和玩法要求进行调节。例如,室内低飞或无风时,提线往往靠下一些,有利于带盘。微风并以滑翔和兼顾左右盘飞时,提线往往偏上一些。

2.左右平衡调节

左右平衡调节实际上就是调偏。偏飞的两种情况是:①放飞到一定高度,快速收线或者风力较大,风筝向一侧偏飞。②快速收线,盘鹰风筝左盘与右盘的大小和旋转速度不一致。

风筝偏飞大的调节[如图 4-10(1)]，向哪个方向偏飞，就将同方向的斜撑条向上搬动；风筝偏飞小的调节[如图 4-10(2)]，调节翅膀的葫芦圈斜撑条根部，直至没有偏飞。

（1）向上搬动斜撑条　　　　　（2）葫芦圈斜撑条根部调节

图 4-10　盘鹰风筝偏飞调节

如果插库松紧度不一致造成偏飞，可以在松的插库根部点少许 502 胶水，达到松紧度基本一致即可。

如果左右蒙面松紧度不一致造成偏飞，那就重新黏合蒙面；蒙面的粘贴不均匀造成偏飞，那就调节斜撑、葫芦圈斜撑条即可。

3.调盘

所谓调盘就是把左或右自然盘调节为左右双盘一致。所谓的自然盘，即是将盘鹰风筝放飞到一定的高度，充分放线，向一侧自然盘旋，也是常说的左或右自然盘旋。

调盘一般是调节翅膀和尾巴。例如：左自然盘旋，实际上是左翅膀末端向前，右翅膀末端向后的结果，调节左翅膀葫芦圈向后，同时右翅膀向前，拧动翅膀，达到一致即可。也可以单独将左翅膀向后搬动，直至左右双盘一致。如果尾巴左右拧曲，一侧偏前，另一侧偏后，造成盘鹰自然盘，此时只要扭动尾巴，调节两侧一致即可。

盘鹰风筝调试非常重要，调试方法要熟记心头，下面这首诗利于大家记忆。

《盘鹰调试》

高　歌

拿起盘鹰看一看，

左右平衡是关键。

头重尾轻盘不远，

容易吊高摔脑尖。

尾重头轻无法盘，

提线调整一线间。

左边好盘调右边，

葫芦圈整体往上搬，

再把左边往下按。

右边好盘调左边，

同样方法正相反。

简单调试就这点，

斜撑大条跟着变。

有时正规不兑现，

试着扳扳也纠偏。

二、学放盘鹰风筝

学放盘鹰风筝基本功很重要。室内练习也是一种基本功，为高放盘飞打基础。练习时一手拿鹰，让鹰与水平面成 45°角，另一只手的盘带着鹰动，线要绷直，人不转让鹰转，试着让鹰打圈，让鹰掠过头顶"近距离盘飞"。放飞者仰首目视风筝，脚下挪步、退步、横跨、侧跨，有时为配合动作需要转身。这些都是在练习低盘时瞬间完成的，属于应急反应，目的是让风筝不落地。一开始往往是固定线长练习，保证风筝能带住不落地，然后就尝试练习收放线，收放线的关键在于力度和速度的把握，以线带盘，也就是用线控制鹰的盘旋情况。收线过快、过猛造成盘飞速度过快难以操控；反之，盘飞不到位、不回头、掉风筝。要想达到收放自如需要花一定的时间练习。收放线会了再进行左右摆动练习,为了更好地控制盘旋状态。盘旋就是让鹰改变运动方向,如何让鹰改变方向呢?这就要求在各个位置用摇轮不同的速度来控制(如图 4-11)。

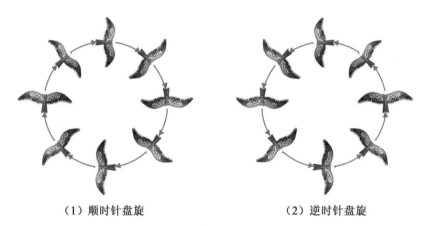

（1）顺时针盘旋　　　　　　　　　　（2）逆时针盘旋

图 4-11　盘鹰风筝运动状态

　　当然,放盘鹰风筝也有很多小窍门,这些小窍门实际上也是技术。这需要你自己用心揣摩练习找到手感,悟出道理。比如出现盘鹰风筝发呆的现象,可以让提线点离重心点远一点。提线点离重心点越远,有效转动力就越大。如果飞行落差大,可以把鹰的尾巴上翘一些,如果鹰尾巴上翘幅度不够,把尾巴那三根条加一点温向上弯一弯。如果还不行,要找出落差大的其他原因,有的是设计质量的问题,有的是迎风受力面积的问题。如果出现侧斜,向哪边倾斜就把哪边翅膀向后弯一弯,如果还不行,要找出其他原因,如变形、开胶等。如果盘鹰风筝滑翔过程中轻轻地收线出现了点头的现象,可以往鹰头里塞一点重物或将鹰尾巴向下调整,直至它不点头为止。如果往鹰头里塞了东西,必须重新检查和调整提线的位置,低盘时提线点要靠近重心点,高盘时提线点要远离重心点。衡量标准是:把鹰肚皮朝上,手提提线,鹰同地面基本平行适用于低盘,鹰头稍微抬起适用于高盘。

　　放盘鹰风筝对于初学者来说心态很重要,需要耐心,需要毅力,不能半途而废,只要坚持必然功到自然成。学习时应多看视频效仿练习。

　　学会放盘鹰风筝,一要学会手起手落,二要学会低盘高盘,三要学会左盘右盘,四要学会调试修理。就放盘鹰风筝本身来说,这四点是最基本的。下面这首诗就是描写人操控盘鹰风筝高飞的豪迈气概。

盘　鹰

吕留萍

纸鹰盘飞舞长空，手持摇轮扯动风。

欲想遨游巡苍穹，远处筝人掌控中。

第六节　室内花样盘飞

风筝花样盘飞源于盘鹰风筝，它的盘飞是从传承中发展，在发展中创新出来的中国式特技运动，是中国风筝诸多放法中独特的一种，是我国传统文化元素和人的融合体，是中华风筝文化的精彩展示，是当今逐步成熟普及的一门现代休闲艺术。它的兴起，带给了人们欢乐、健康、和谐，加深了人们对生活的理解和热爱。由于风筝花样盘飞在室内操控性、动作的挑战性和自我成就感都非常强，所以对毅力培养、人格塑造也不可低估，是一种非常好的体验式学习方式。风筝室内放飞一般需经历以下几个阶段：

①抢风筝。风筝线笔直，强迫风筝飞，结果必然是放松即落，放者气喘如牛，有被风筝牵着鼻子走的感觉，属于风筝玩你。②玩风筝。给风筝一点自由，放飞者心定气闲，轻拉慢引。拉在必拉之时，靠手腕、手臂的运动改变飞行轨迹，变成如左旋、右旋、升降、转圈儿、绕"8"（∞）字等动作，让风筝成为放飞者心中的精灵，属于你玩风筝。③舞风筝。练习者配合着音乐做出各种技术性动作，是一种风筝舞蹈，是高雅的艺术，滋养心灵。

放风筝不是意味着使蛮力、苦支撑，或违反基本操作规律与风筝较劲，真正的乐趣应在于解决问题、清除障碍，在披荆斩棘中得到技艺的提升，在痛苦与快乐中得到品格的升华。

一、花样盘飞中的起式、收式

一出好戏，开场和收场都至关重要，盘飞同理，因此我们更应该重视盘飞中的起式和收式，使它开得漂亮，收得利索，别具一格，呈现精彩。常见的起式有:脱手而出、绕身起飞、贴地起飞、腾空而起、仰飞接后空翻、仰飞接前翻、落地接鹰击长空等。常见的收式有:擒拿式、托盘式等。

二、花样盘飞中力（劲）的应用技巧

盘飞主要是依靠人的加速给力(也是劲)进行运动的锻炼方式,对力的认识和掌握是我们提高盘飞质量、完成各种动作的钥匙。只有熟练地掌握了力的应用技巧,风筝才会飞得潇洒自如。

给劲:荡、弹、摆、甩、转、抛、拉、撩、挑、带。

阻劲:推挡、点压、拽、卡、摩。

泄劲:顺、抖、松、拨。

三、花样盘飞中的姿势

姿势,是盘飞中步伐、身段和鹰融为一体的具体展现,是勾画美轮美奂、绚丽多姿的艺术意境必有的渲染手段,是强化运动、全面锻炼、提高人整体素质不可缺少的重要组成部分。花样盘鹰从小翻手开始,利用指力和腕力拨轮。常见的有立旋、空翻、擦地360°旋转、绕背环飞、八字环飞、倒飞、背后交手盘飞、穿针绕身盘飞、反身扑食、单脚跨线、双脚跨线等姿势。

四、花样盘飞中的步伐

步伐是盘飞的根基,只有扎实深厚的根基,才能飞出精彩的乐章。主要有:武术步、戏曲步、舞蹈步、自由步等。关键是:不管采用什么步,以迈有节奏,走着舒服,动着舒畅,舞着好看,鹰随人舞,身随鹰动,步法灵活,相辅相成为要,以达到乐、身、步、鹰融为一体,适合自己运动的目的就行了。

五、花样盘飞中的四要六结合

1.四要

(1)艺理要通:基础动作,关键要点必须弄懂。

(2)头脑要清:想到,练到,才能做到。

(3)动作要美:盘飞舞姿,力求连贯流畅、漂亮完美。

(4)技巧要精:单个动作要熟,整体动作才能浑然一体。

2.六结合

(1)远近结合,要远盘近舞,收放自如。

(2)高低结合,要层次分明,变化不同。

(3)快慢结合,要跌宕起伏,张弛有度。

(4)乐舞结合,要节奏优美,姿态舒展。

(5)盘直结合,要动作有序,流畅自然。

(6)人鹰结合,要有机融合,合二为一。

第五章　风筝室内花样盘飞表演比赛规则

兴趣产生容易,坚持难,经过波折后的坚持更难,要靠坚忍不拔、勇往直前的精神支撑。保持兴趣爱好,技艺不一定就高,学识不一定就深,但会成为一块心灵栖地,最终会与快乐同行。花样盘飞风筝动静、刚柔相容,太极、舞姿巧妙结合,相得益彰,妙不可言,使人得到极大的艺术享受,也是一个自我学习、自我激励、自我完善和提高的过程。最关键的是它会让你情不自禁地思考一个个科学问题。适当组织室内盘飞表演比赛利于兴趣的保持,同时可以检查情况、发现问题、找出差距、明确方向,从而促进全面发展。那该如何组织比赛呢?

下面将室内风筝比赛规则作为引玉之砖,为有意组织比赛的人员提供参考。

一、比赛通则

(1)参加风筝比赛者,必须按规定时间准时到指定地点报到和办理检录手续,三次检录不到者按弃权论处。

(2)比赛开始前,运动员携带自己的风筝到放飞区报到,按编组依次进行盘飞。

(3)比赛信号发出后,运动员在指定的比赛区域进行盘飞,由裁判员现场进行评判。

(4)比赛中,故意缠绕妨碍或破坏他人风筝,或冲撞、阻挡他人风筝,即刻取消比赛资格。因故受到影响的运动员,总裁判长可令其重新比赛(被取消资格的运动员不得参加)。

(5)对参赛运动员和风筝的类别、型号、新旧、知识产权等有异议时,组委会有权进行审查,如不符合规定,可进行变更。变更类别或型号要进行扣分或取消比赛资格。

(6)比赛场地屋顶应尽量高、平,不应太杂乱,如果外界风力较大,应关闭迎风面窗户,使室内尽量无风,应有必要的音响设备。因场地影响无法进行正常比赛时,由组委会统筹安排,另行通知。

(7)各代表队的运动员的人数规定:1人,无助手。

(8)各代表队的运动员必须遵守比赛纪律。若因比赛发生纠纷或争议,由总裁判长进行裁决。

(9)比赛中,运动员对裁判人员和竞赛规则有异议时,可书面提报组委会仲裁委员会裁决。

二、室内个人单线风筝盘飞比赛规则及评分规则

评分分为三部分:编排分、技术分、娱乐价值分。

1.分数分配

(1)编排分:60%。

(2)技术分:25%。

(3)娱乐价值分:15%。

2.时间限制

(1)准备时间:最长 3 分钟。

(2)表演时间:最短 2 分钟,最长 4 分钟。

3.评判要点

(1)编排分。考查整套动作的组成和流畅性,从一个动作单元过渡到另一个动作单元是否自然,整套动作是否能很好诠释配乐,以及表现配乐的韵律和气氛,配乐是否有效推动整套动作的发展。

(2)技术分。考查参赛者是否在整套动作中准确控制风筝,风筝的运动是否能对准音乐的特定时刻,参赛者能否展现室内飞行的各种技巧:盘飞、抛接、翻转、跨线等。

（3）娱乐价值分。考查风筝动作和放飞者所展现的创新性与想象力,以及整套动作整体的视觉效果。

4.辅助人员

参赛者可以有辅助人员协助,需遵循规则。

（1）最多有2名辅助人员。

（2）辅助人员可以协助风筝的布置。

（3）表演开始前辅助人员必须离开放飞场地。

（4）辅助人员可以在表演中进入场地拿走不再使用的风筝,任何带离的风筝不能在之后的表演中再次使用。

（5）参赛者需对辅助人员的行为负责。辅助人员干扰表演不应成为任何申诉的理由。辅助人员违反规则会直接影响参赛者的分数。

5.其他规则

（1）放飞场地根据当场情况决定。在不存在安全隐患的前提下,场地可以包含墙壁和屋顶。观众必须在放飞场地外。

（2）风筝必须是单线。

（3）表演中可以使用多个不同风筝。风筝可以单独使用或者上下叠连使用。

（4）所有比赛者需要使用相同的室内照明设备。

（5）除了残疾人使用的助行设备,任何其他的有轮设备不能使用。

（6）任何其他道具不允许使用。

（7）场地至少要有若干裁判和一名场地指挥人员。

6.犯规

风筝飞离指定的放飞区域会失去比赛资格。

7.其他规则

（1）所有裁判应坐在一起以利于交流。

（2）风筝协会对室内单人比赛不设定不同级别（没有初学、进阶和大师的分级）。所有的评分都在无限制级别中进行。

（3）裁判和场地指挥人员需要监察风筝是否有出界或者违反安全的情况发生。

（4）准备区域应在放飞区域之外。

室内个人单线风筝盘飞比赛评分表

活动_____　　裁判_____　　参赛人_____

项目	内　容	参　照　标　准	项目分	总分
编排分	诠释音乐	演出是否能较好诠释音乐的内容,整体表演是否有画面感		
	配合音乐放飞	音乐是否是表演的基石,表演和音乐是否有直接联系		
	动态表现	节奏是否有变化,并能在表演中利用这些变化		
	流畅度	编排是否流畅,吸引人的注意		
	精彩瞬间	表演是否有精彩瞬间、震撼人的时刻		
	编排完成度	是否能感受到表演有认真编排,动作是否能显示出明显的目的		
技术分	控制力	对风筝的控制如何		
	动作干净	没有失误性的坠落、绞线等		
	室内放飞技术	运用一些室内放飞独有的技术		
	表演完整性	表演是否完整		
	复杂程度	放飞的复杂程度		
	人与风筝的结合	人与风筝是否自然结合,融为一体		
娱乐价值分	放飞特性	演出是否有其独特特质		
	表演感情	演出能否体现出某种情感流露:喜悦、悲伤、恐惧、爱慕等		
	冲击力	演出是否有冲击力		
	舞台举止	舞台举止、自信程度、演出者的外观状态		
	综合表现	表演的综合表现力		
	观众吸引度	表演能否给予观众娱乐或其他有价值的感受		

三、评分方式及人员要求

实行现场评比和现场公布成绩的办法。裁判员由专业人员担任。

四、判罚

比赛中运动员应当遵守比赛规则,如有违反,视情节严重程度,总裁判长有权警告、判技术犯规、取消其比赛资格。

五、判定名次

比赛为一次性比赛,初赛即决赛,按成绩排名次。

六、抗议

(1)对运动员参赛资格和风筝类型有异议时,应在赛前向组委会提出。

(2)对比赛中所发生的问题提出抗议时,须于事情发生 1 小时内向竞赛组提出。

(3)在问题解决前,运动员应按规定参加比赛。

附录 1

盘飞歌

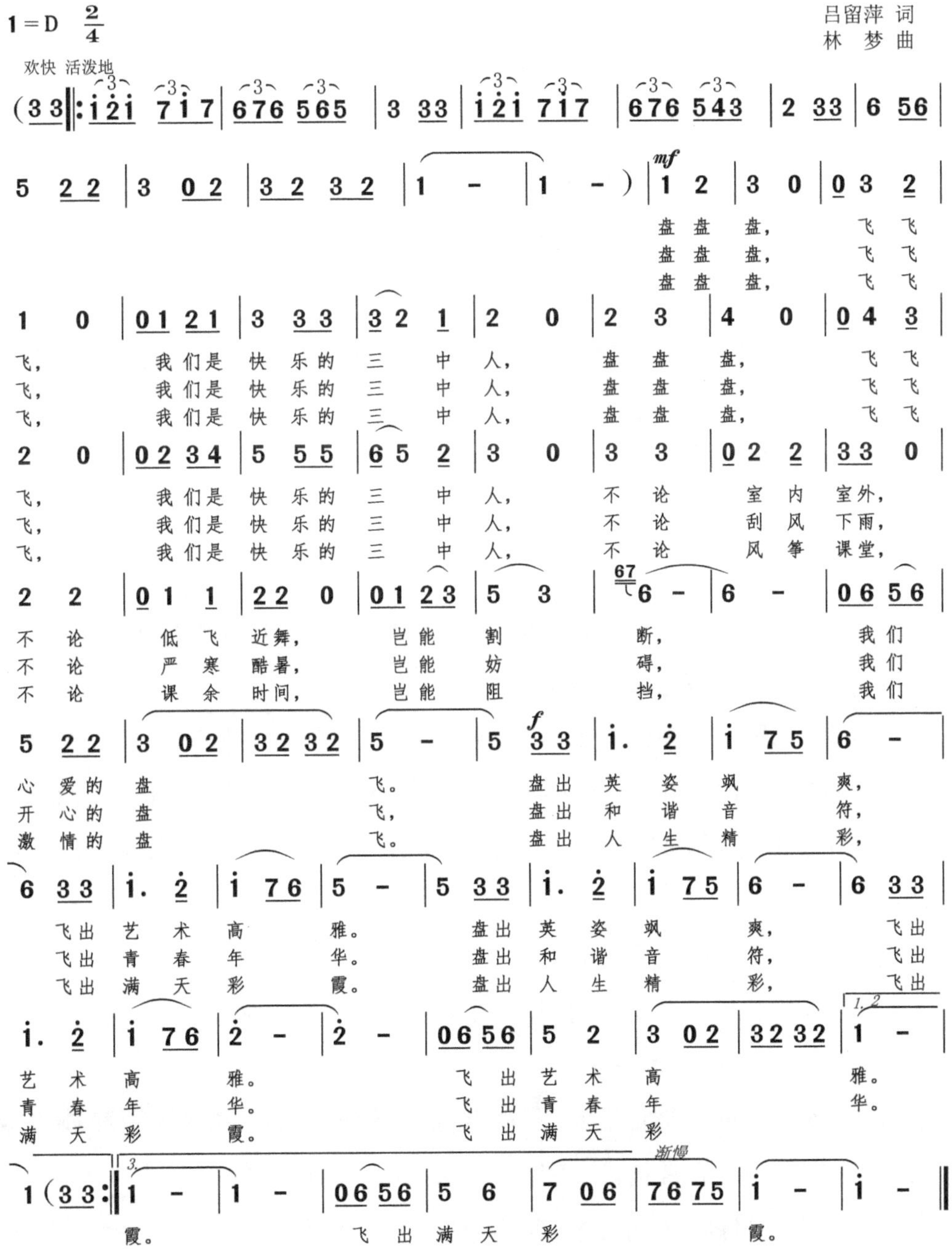
1＝D 2/4
吕留萍 词
林 梦 曲
欢快 活泼地
盘盘盘，飞飞
盘盘盘，飞飞
盘盘盘，飞飞
飞，我们是快乐的三中人，盘盘盘，飞飞
飞，我们是快乐的三中人，盘盘盘，飞飞
飞，我们是快乐的三中人，盘盘盘，飞飞
飞，我们是快乐的三中人，不论室内室外，
飞，我们是快乐的三中人，不论刮风下雨，
飞，我们是快乐的三中人，不论风筝课堂，
不论低飞近舞，岂能割断，我们
不论严寒酷暑，岂能妨碍，我们
不论课余时间，岂能阻挡，我们
心爱的盘飞。盘出英姿飒爽，
开心的盘飞，盘出和谐音符，
激情的盘飞。盘出人生精彩，
飞出艺术高雅。盘出英姿飒爽，飞出
飞出青春年华。盘出和谐音符，飞出
飞出满天彩霞。盘出人生精彩，飞出
艺术高雅。飞出艺术高雅。
青春年华。飞出青春年华。
满天彩霞。飞出满天彩
渐慢
霞。飞出满天彩霞。

附录 2

风筝对白

吕留萍

甲：听说有种风筝无风也能放？

乙：对啊！家里客厅、卧室都能放。

甲：什么风筝这么神奇？

乙：就是我们做的小精灵风筝啊！这还不算神奇，有种风筝才神奇呢，它室内、室外、无风、有风都能放。

甲：什么风筝啊？

乙：是我国的国粹风筝——盘旋风筝啊！（展示雄鹰、飞机）

甲：怎么还有几种造型的？

乙：对啊。盘旋类风筝有仿生物的有仿战机的，种类可多着呢。

甲：真厉害！它是怎么飞的啊？

乙：这里面科学知识还真不少，主要是通过线的牵引做动力，使风筝具有动能而飞行。在恰当的时间给风筝施加适当的控制力来控制它的飞行状态，还可以做出各种花样，如"∞"字飞、仰飞、空翻360°等，是很有挑战性的一项运动。

甲：这么多花样！难不难啊？

乙：罗马可不是一天建成的，那要多加思考、刻苦训练才行！

甲：我想买个放放，贵不贵啊？

乙：风筝从几十元到几千元不等，放飞线轮也一样。这些风筝和放飞线轮都是手工打造的，非常精准，一般人还做不出来，风筝的材料成本不高，但工匠们的技术含量高，文化元素高，自然要贵一点，你啊！就买个便宜的放，免得摔坏了心疼。

甲：那要是进行技术创新，采用工厂化生产，就可以降低成本了。

乙：这想法好像也是可以的，飞机就是人类在风筝的基础上造出来的，它同我国的四大发明一样，曾为人类的科学事业做出重要贡献，已被英国学者李约瑟编入《中国科学技术史》，在美国华盛顿国家航空航天博物馆的大厅里挂着一只中国风筝，在它上面写着"最早的飞行器是中国的风筝和火箭。"风筝也是我国的艺术瑰宝，有着2000多年的历史和灿烂的文化。风筝的制作和放飞涉及数学、物理、化学、生物、地理、气象、历史、民俗、绘画工艺等诸多知识和技巧，还有最近发展起来的国外特技风筝。

甲：想不到风筝还有这么多学问，你都是从哪里学到的？

乙：从课堂上啊！我们不但学到了风筝的扎、糊、绘、放等技艺，还学会了多种劳动工具的使用，大大提高了动手能力。放飞风筝不但可以很好地锻炼身体，调理我们平时低头学习对颈椎的损伤，还使我们心情都飞扬起来了呢！

甲：我们的课堂上怎么都没有啊？

乙：这个你就不知道了，我们温岭市三中有专门的风筝课程，风筝课是我的最爱，课堂上有很多时间活动，放风筝在学校三楼体艺馆，还有专门的风鸢工艺室呢，真正做到了做中学，玩中学。

甲：哎！真是羡慕啊！带我去风鸢工艺室看看吧！

乙：好啊！现在就走吧。

风筝制作与室内花样盘飞

附录 3

风筝作品欣赏

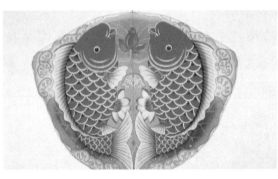

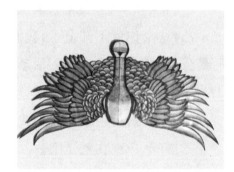

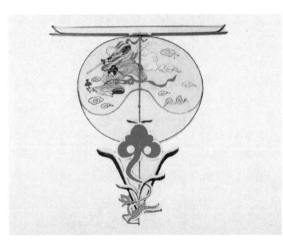

附录 4

学生风筝活动

后　记

　　风筝的扎、糊、绘、放四技艺涉及众多工具和器材,开课难度大,好在我们的风筝课程有很多像温岭石塘华雅塑料包装厂的总经理——江海华一样的热心人士帮助,使课程逐渐步入个性、体验和反思的内涵层面。

　　认识江海华是在 2016 年的下半年,那时我们的风筝课程刚开设,风筝制作教室每次只能容纳 45 位学生,有 16 个班级的 720 位学生修这门课程,每周一次,是课表里的必修课。然而,市面上现成的风筝制作套材价格高,不适合学生制作。因此,当务之急就是要找到合适的生产厂家,把材料切成 720份,考虑损耗,应该要准备 900 份以上。

　　每天下班后,我就在网上寻找生产厂家,可卖家不是嫌我们的订货量小,就是不理会我,或以漫天要价来拒绝。后来,总算有一家厂商答应我来校看看,但结果还是"放了我鸽子",竟连电话也不接了。我也问过周围的人,大家都觉得这门课程没有意义也没有价值,甚至认为该课程会影响学生的应试成绩。我在心里呐喊:"寓教于乐,这才是学生真正需要的教育啊!"不被理解的我当时急得像热锅上的蚂蚁,如果找不到厂家,学生就没有材料可使用,上课光是讲解和播放视频,课程也就失去了实践的意义。

　　终于,石塘华雅塑料包装厂的江海华在网上回复了我。我将薄膜的大小、尺寸及数量告诉他,他们需要按我设计的尺寸把薄膜切成一片一片的。我小心翼翼地说着,担心江海华会以切割烦琐为由而拒绝我。没想到的是,他竟爽快地答应了。当问及价钱时,他说愿意免费提供,就算是自己为学生做点贡献。这令我感到很意外,我多日的焦虑也烟消云散——学生的制作材料终于有了着落!

　　利用周日的休息时间,我驱车前往石塘华雅塑料包装厂。江海华亲自把